Schönborn, Lok 2000

Hans-Bernhard Schönborn

Lok 2000

Re 460/465 – modernste Elektrolok der Schweiz

GeraMond

Titelbild: Dietmar Beckmann

Abbildung Vorsatz: Re 460 020 vor dem IC 728 St. Gallen – Genève zwischen Wynigen und Burgdorf (Foto: Heinz Sigrist)
Abbildung Nachsatz: Die Werbelok Re 460 032 vor dem IC 725 bei Bossière (Foto: Heinz Sigrist)

CIP-Einheitsaufnahme
Lok 2000:
Re 460/465 – modernste Elektrolok der Schweiz /
Hans-Bernhard Schönborn. – 1. Auflage
München: GeraMond Verlag, 1998
ISBN 3-932785-51-7
NE: Hans-Bernhard Schönborn

ISBN 3-932785-51-7

1. Auflage 1998

Mitarbeiter Bild- und Textredaktion: Hans-Bernhard Schönborn, Roger Haueter, Joël Bessard, Heinz Sigrist, Dietmar Beckmann, Beat Bruhin, Bruno Hitz und Vally Gohl

Redaktion: Ronald Gohl
Gestaltung, Layout und Produktion: Edition Lan AG
Printed in Germany

Vorwort

Mitte Juni 1991 legte die Lokomotive Re 460 000-3, ihres Zeichens erste Vertreterin der „Lok 2000", die ersten Meter auf dem Versuchsgleis des ABB-Werkes Tramont in Zürich aus eigener Kraft zurück. Damit begann die Ablieferung der weltweit grössten Serie von Umrichterlokomotiven mit Asynchron-Motoren an die Schweizerischen Bundesbahnen (SBB). Doch dies ist nicht die einzige Erst- oder Einmaligkeit bei diesem Typ von Universallokomotiven: denn zum ersten Male in der Geschichte ihrer Triebfahrzeugbeschaffungen vergaben die SBB einen Entwicklungsauftrag an die Rollmaterialindustrie und entwickelten erst daraus das Pflichtenheft für die Baureihe, und erstmals wurde eine Gross-Serie von 119 Einheiten abgeliefert, ohne dass es vorher Prototypen gab. Um Gewicht zu sparen und den vom italienischen Designer Pininfarina entworfenen Lokomotivkasten mit hervorragenden aerodynamischen Eigenschaften realisieren zu können, verwendete man erstmals im Triebfahrzeugbau Kunststoffe im grösseren Ausmass, vor allem bei den Führerkabinen. Dass die Maschinen aus Gründen der Kostenersparnis nicht den SBB, sondern einem amerikanischen Investor gehören, von dem die SBB die Loks geleast haben, ist eine weitere „Erstmaligkeit", ausserdem die Tatsache, dass mehrere Lokomotiven als Werbeträger mit Vollwerbung unterwegs sind. Dies wiederum hat die Modellbahn-Industrie veranlasst, die Re 460 und ihre Schwester, die Re 465, in einer bisher noch nicht dagewesenen Vielfalt in allen möglichen Masstäben auf die Modellgeleise zu stellen. Neben der Re 465, einer technischen Weiterentwicklung der Re 460, die in 18 Exemplaren an die BLS-Lötschbergbahn sowie die SBB abgeliefert wurde, konnten auch Maschinen aus der Familie „Lok 2000" nach Norwegen, Finnland und Hongkong verkauft werden.

All das hat mich an der „Lok 2000", die auch wegen ihres geringen Geräuschpegels gelobt wird, fasziniert, und ich hoffe, dass diese Faszination im folgenden spürbar wird.

Sempach, Ende November 1997

Hans-Bernhard Schönborn

Inhalt

1. Die Idee einer Schnellfahrlok 11

Von der NHT zur Bahn 2000 11
Politisches Geplänkel und Lok 2000 12
V-max 200 15
Eine Umrichterlok mit Asynchron-Fahrmotoren 16

2. Das Projekt 19

Vorserie 22
Anspruchsvolles Pflichtenheft 23
GTO, ZUB und ZFK 26
Innovation beim Design 27
Druckertüchtigung 30
Eine ausländische Schweizer Lok? 31

3. Mechanischer Teil 35

Eine Leichtbaulok 36
Zugkraftübertragung und Antrieb 38
Der Lokomotivkasten 40
Auch ein aerodynamisches Dach 42

4. Elektrischer Teil 43

Ein einfacher und wartungsfreier Motor 43
Wechselrichtersysteme und Transformator 47
Ein durchdachtes elektrisches Konzept 51
Zentrales Nervensystem 53
Zugbus 56
Apparateanordnung und Verkabelung 56

5. Führerkabine 57

Lokomotivköpfe aus Kunststoff 57
Klebeverbindungen 61
Design am Arbeitsplatz 62
Lokomotivkabine mit Klimaanlage 63

6. Starke Lok mit grosser Zukunft 69

Rollprüfstand, Bremsproben und Messfahrten 70
Bemerkenswerte Auftritte 71
Erste Planeinsätze 74
Rekorde und Störungen 78

Einsatz vor Huckepack- und IC-Zügen 79
Mit Pendelzügen ins Jubiläumsjahr 82
Güterzugdienste 83
Schlussfolgerungen 86

7. Verpendelt durch die Schweiz 93

Fahrplanstart mit 26 Pendelzügen 94
Vorspann und Verstärkungsmodule 95
Loks und Steuerwagen 98

8. Werbung, die (ein-)fährt 101

Filmdose als Werbe-Wegbereiter 102
Sicherheit und Einsatz der Werbeloks 103

9. Re 465 – eine Weltrekordlok 109

Lok-Notstand 110
Erfolgreiche Inbetriebnahme 111
Testfahrten im Berner Oberland 113
BLS-Mietloks 115
Einsatz am Lötschberg 117
Unterschiede zwischen Re 460 und 465 117

10. Aus der Lok 2000-Familie 121

Re 465 für den arktischen Winter 121
22 Lokomotiven nach Norwegen 122
Re 465 für Hongkongs Prestige-Zug 125

11. SBB/BLS-Modelle 129

Spur-Z-Modelle 129
Spur-N-Modelle 130
Spur-H0-Modelle 133
Grössere Spurweiten 138

Register 140

Literatur 143

Bild: Bruno Hitz

Die Re 460 094 wurde von „Miss Raetia“ am 7. Juni 1997 in Landquart auf den Namen „Rätia“ getauft.

1

Vorgeschichte

**Oben: Design-Studien des italienischen Stardesigners Pininfarina für die Re 460 der SBB.
Nächste Seite: Das Profil der Führerkabine erscheint auch mit Jubiläums-Logo noch edel genug.**

Bilder: SLM (Seite 9), Ronald Gohl (Seite 10)

IL TRENO
MUOVE
DAL 1847
LE TRAIN
BOUGE
DEPUIS 1847
DIE BAHN
BEWEGT
SEIT 1847
pininfarina

1. Die Idee einer Schnellfahrlok

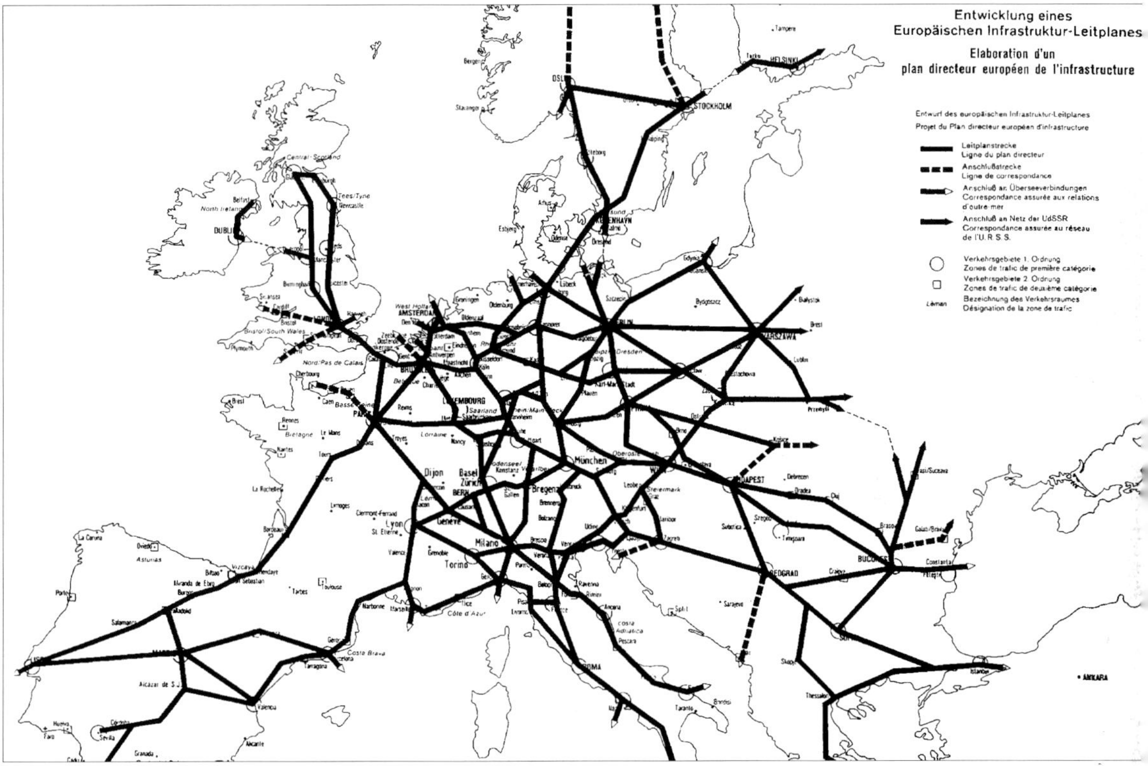

Eigentlich begann die Vorgeschichte zur Lok 2000 bereits im Jahre 1973. Denn in diesem Jahr veröffentlichte der Internationale Eisenbahnverband (UIC) den „Leitplan der Europäischen Eisenbahn der Zukunft", der von den prognostizierten Verkehrsbedürfnissen ab 1985 ausging und als Basis dienen sollte, um ein System von europäischen Eisenbahn-Hauptmagistralen mit annähernd gleichem Leistungsstandard zu errichten. Die Schweiz hätte zu diesem europäischen Hochleistungsnetz eine Ost-West-Magistrale etwa von St. Gallen nach Genf und zwei Nord-Süd-Strekken, die längere von Basel nach Chiasso (via Gotthard), die kürzere von Bern nach Brig und Domodossola (via Lötschberg – Simplon) beitragen sollen.

Grafik: UIC

Von der NHT zur Bahn 2000

Aufgrund des Leitplans wurde in den Siebzigerjahren in der Schweiz das Projekt der „Neuen Haupttransversalen" (NHT) entwickelt, das auch einen Ausbau von Gotthard und Lötschberg/Simplon vorsah. Doch erwies sich dieses Projekt als politisch nicht realisierbar, und das aus drei Gründen: zum einen war schon damals Europa kein Thema für die Schweiz, zum zweiten war der Umweltgedanke in dieser Zeit noch weniger in den Köpfen der Bürger verankert als heute, und zum dritten wurde das Gesamtverkehrskonzept (GVK) zu Beginn der Achtzigerjahre Schritt für

Ein erster Impuls für „Bahn 2000" entstand bereits 1973, als der UIC einen Leitplan für die europäischen Bahnen der Zukunft entwarf.

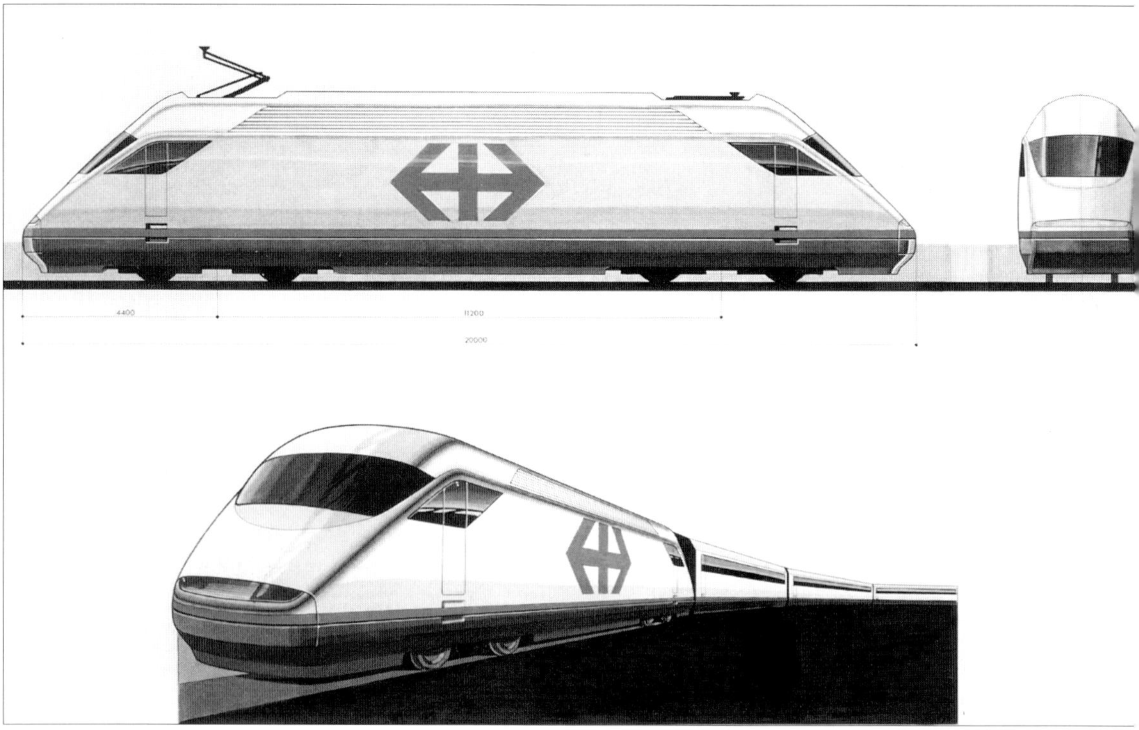

Design-Studien aus dem Hause Pininfarina für eine universell einsetzbare vierachsige Schweizer Maschine.

Schritt ausgehöhlt. Weil die SBB diese Situation erkannten, entwickelten sie eine mehr fahrplan- als geschwindigkeitsorientierte Ersatzlösung, die stärker auf die Bedürfnisse in der Schweiz ausgerichtet war, die Idee der „Bahn 2000". Obwohl das Schweizer Volk in einer Volksabstimmung 1987 diesem Konzept deutlich zustimmte, wird die konkrete Ausgestaltung dieses Projekts, das auch einige dringend notwendige Neubaustrecken vorsieht, durch eine noch nie dagewesene Flut von Einsprachen behindert und auf diese Weise ständig verteuert.

Im Gegensatz dazu ging in Frankreich der Neu- und Ausbau der Eisenbahnstrecken zügig voran, und mit dem TGV-System wurde eine echte Konkurrenz zum Individualverkehr und den Kurzstreckenflügen geschaffen.
Deutschland zog mit Hochgeschwindigkeits-Neubaustrecken und dem ICE nach, Italien folgte. Schliesslich wurde auch England durch den Tunnel unter dem Ärmel-Kanal angebunden. In der Zwischenzeit entstanden in Frankreich Pläne, die Schweiz mit einer TGV-Linie „Rhin-Rhône" (Mulhouse, Besançon, Lyon, Chambéry) grossräumig zu umfahren und durch eine Mont-Cenis-Basislinie den Anschluss in Richtung Turin und Mailand zu schaffen.

Politisches Geplänkel und Lok 2000

Während also das europäische Hochgeschwindigkeitsnetz kein Thema in der Schweiz wurde, zwang der in den Achtzigerjahren ständig wachsende, die Alpen überquerende Güterverkehr, der jedoch vornehmlich über die Strasse

Bild: SLM

abgewickelt wurde, dazu, sich grundsätzlich mit Fragen des Alp-Transits zu beschäftigen. Die Verlagerung des Güterverkehrs auf die Schiene, ein Huckepack-Transitkorridor und Neue Eisenbahn-Alpen-Transversalen (NEAT) mussten jetzt thematisiert werden. Doch schon früh zeichneten sich die üblichen politischen Begleitgeplänkel, schwerwiegende Varianten-Streitigkeiten und der fast schon zur Tradition gewordene Widerstand gegen Grossprojekte ab. Deshalb entschlossen sich die SBB, die Entwicklung von neuem Rollmaterial, einer neuen Lokomotive mit entsprechenden Reisezugwagen, zu forcieren. So könnte dann eines Tages das, was die durch viele Kompromisse beeinträchtigte Linienführung nicht (mehr) an Verbesserungen zu leisten vermag, (teilweise) durch Rollmaterial kompensiert werden, das auf dem allerneuesten Stand des technischen Fortschritts ist. Auch diese Erscheinung ist nicht neu, denn es gehört in der Schweiz beinahe zu den „bewährten Traditionen", dass die heutigen und künftigen Aufgaben der Eisenbahn auf einem Streckennetz von vorgestern, d. h., aus dem letzten Jahrhundert abgewickelt werden. Aber gerade diese Tatsache hat die Schweizer Rollmaterial-Industrie immer wieder vor grosse Entwicklungsaufgaben gestellt, die ihr auch Vorteile auf dem internationalen Markt einbrachten.

Um gegenüber dem ständig wachsenden Individualverkehr, aber auch dem regionalen Luftverkehr und den zunehmenden Angeboten von Busreisen einigermassen konkurrenzfähig zu bleiben, haben sich die SBB im Konzept „Bahn 2000" die Ziele gesetzt, im Intercity- und Schnellzugverkehr sowie – sofern entsprechende Bestellungen durch die Kantone und Gemeinden vorliegen – auch im Regionalverkehr mehr Fahrgelegenheiten anzubieten, die Gesamtrei-

Ein Vorläufer der Lok 2000 war die Re 4/4 IV, alle vier Lokomotiven dieses Typs sind heute bei der Südostbahn (SOB)

Bild: Roger Haueter

Ein Hochgeschwindigkeits-Streckennetz, wie es in Frankreich mit den TGV-Zügen betrieben wird, kam für die geographisch kleine und fein vernetzte Schweiz nicht in Frage.

sezeiten innerschweizerisch zu verkürzen, mehr Direktverbindungen aufzubauen, bessere Anschlüsse aller Zugkategorien untereinander, aber auch mit den anderen öffentlichen Verkehrsmitteln zu gewährleisten und dadurch die sogenannte „Transportkette" zu verbessern, die internationalen Nachtverbindungen zu fördern, die Reisezeiten zu verkürzen, den Komfort zu verbessern und – wo immer möglich – ausländische Hochgeschwindigkeitszüge in den Fahrplan zu integrieren. Das Konzept „Bahn 2000" erfordert also ein völlig neues Fahrplangefüge, und dieses wiederum ist der Ausgangspunkt für die betriebstechnischen Überlegungen zu einer „Lok 2000". Denn es können höchstwahrscheinlich nur dann Marktanteile für die Bahn zurückgewonnen werden, wenn die Knotenbahnhöfe, z. B. Bern oder Zürich, innert Stundenfrist zu erreichen sind.

Um die Kosten für die Infrastrukturverbesserungen, die auf der politischen Ebene (evtl. sogar mit Volksabstimmungen) erkämpft werden müssen, möglichst gering zu halten, muss eine „optimale" Lokomotive entwickelt werden. Denn es gilt die Faustregel, dass eine Minute Fahrzeitgewinn durch Streckung von Gleisbögen u. ä. im günstigsten Falle rund 30 Mio. Franken kostet.

Damit war klar, dass für das Konzept „Bahn 2000" eine entsprechende Lokomotive zentrale Bedeutung hatte, die bezüglich Traktionsleistung, Höchstgeschwindigkeit und schnellere Fahrt in Gleisbögen in erster Linie auf die Anforderungen der Ost-West-Achse St. Gallen – Genf Rücksicht nehmen musste. Wirtschaftlichkeitsberechnungen und der Planungsstand im Jahre 1985 ergaben, dass mehr als 200 „Schnellfahrlokomotiven" eines noch zu entwickelnden Typs zu beschaffen seien.

Bilder: Ronald Gohl (links), Bruno Hitz (unten)

V-max 200

Die Frage, wie schnell eine solche „Schnellfahrlokomotive" letztendlich fahren sollte, wurde durch die kleinräumige Geographie der Schweiz beantwortet. Bei der geplanten Länge der Neubaustrecken brächten nämlich Geschwindigkeiten von mehr als 200 km/h nur noch Fahrzeitgewinne von wenigen Sekunden. Andererseits ermöglicht die Begrenzung der Geschwindigkeit auf 200 km/h einige betriebliche Vereinfachungen, die auch finanziell positiv zu Buche schlagen: Mindestens in der Anfangspha-

Eine der ersten Lokomotiven des neuen Typs: Die Re 460 001-1 auf der „Tramont" Werk-Versuchsstrekke von ABB-Oerlikon (heute ADtranz)

Superzüge im weltweiten Hochleistungs-Eisenbahnnetz

	Zugname	Planeinsatz	V-max	Zuglänge	Sitzplätze
Frankreich	TGV-Atlantique	ab 1989	300 km/h	238 m	486
Frankreich	TGV-Thalys	ab 1997	300 km/h		377
Deutschland	InterCityExpress (ICE 1)	ab 1991	280 km/h	411 m	759
Deutschland	InterCity Express (ICE 3)	ab 1999	330 km/h	200 m	415
Deutschland	Transrapid	Projekt	550 km/h	80 m	60
Italien	ETR Y 500	ab 1994	300 km/h	329 m	644
Spanien	Tren ad Alta Velocidad (AVE)	ab 1992	300 km/h	200 m	321
England	IC 250	ab 1995	250 km/h	ca. 250 m	ca. 320
Ärmel-Kanal	Eurostar	ab 1994	300 km/h	394 m	794
Schweden	X 2000	ab 1990	210 km/h	140 m	288
Schweiz	Doppelstockzug IC 2000	ab 1997	200 km/h	variabel je nach Zugzusammenstellung	
Schweiz	InterCity-Neigezug (ICN)	ab 1998	200 km/h	187 m	457
Schweiz/Italien	Cisalpino	ab 1996	200 km/h	237 m	481
Japan	Skinhansen 300	ab 1992	300 km/h	402 m	1270

se und bei hohen Fahrgast-Frequenzen können die nicht „druckertüchtigten" Einheitswagen IV (EW IV) und die Eurocity-Wagen auf den Neubaustrecken eingesetzt werden, ohne dass dies grössere Auswirkungen auf den Fahrplan hat; die Lokomotive kann in beiden Fahrtrichtungen symmetrisch, also vorne und hinten gleich, gebaut werden; eine solche Lok wäre universell einsetzbar, was auch für die Gotthard-Strecke Vorteile brächte, sie wäre gleichfalls als Zweisystem-Variante für Züge nach Italien (Huckepack-Verkehr) denkbar.

Lok 2000, „made in Switzerland". Der mechanische Teil entstand bei der SLM Winterthur, der elektrische Teil bei der ABB Oerlikon (heute ADtranz).

Bild: Roger Haueter

Eine Umrichterlok mit Asynchron-Fahrmotoren

Aufgrund dieser Gegebenheiten und Überlegungen plante man 1984 für die „Bahn 2000" Pendelzug-Kompositionen, die aus 7 Wagen und einer Lokomotive bestanden. Um bei Doppelpendeln, die sich beim Zusammenkuppeln von Flügelzügen ergeben, eine ungehinderte Zirkulation der Fahrgäste zu ermöglichen, sollten sowohl der Steuerwagen als auch die Lokomotive über einen Durchgang verfügen. Die Radsatzmasse der Lok wurde auf etwa 17 t begrenzt, damit vor allem bei höheren Geschwindigkeiten in Gleisbögen die Gleisanlagen geschont würden. Doch zeigten genauere Berechnungen, dass eine solche „Leichtlokomotive" wenig mehr als 3 MW Leistung erbringen könnte, was bei einem Gefälle von 10 ‰, das auch auf Flachlandstrecken in der Schweiz relativ häufig vorkommt, nur noch eine Höchstgeschwindigkeit von ca. 160 km/h erlauben würde. Damit war das Thema „Leicht-Pendelzüge" erledigt, denn für die Anforderungen

Oben: Mit dem Slogan „Wir verbinden die Schweiz" werben die Bundesbahnen in eigener Sache – Unten: In Doppeltraktion vor Güterzügen sind die Re 460 auch auf der Lötschberg-Achse anzutreffen.

Bilder: Joël Bessard (oben), Ronald Gohl (unten)

Die sphärische Kopfform der Lok 2000 beim IC-Steuerwagen (oben) und Lok-2000-Parade in Aarau.

der „Bahn 2000" brauchte man eine Lok mit mindestens 4 MW, besser 5 MW Leistung. Eine solche Leistung kann aber im obersten Geschwindigkeitsbereich von einer vierachsigen Lok nur in Umrichtertechnik mit Asynchron-Fahrmotoren erbracht werden, weil bei dieser Antriebstechnik eine hyperbolische Zugkraft-Geschwindigkeits-Charakteristik (d. h., die Zugkraft ist umgekehrt proportional zur Geschwindigkeit) möglich ist. Eine von der Schweizerischen Lokomotiv- und Maschinenfabrik SLM im Jahre 1985 vorgelegte Machbarkeitsstudie zeigte nun, dass eine Traktionsleistung von 5,5 MW mit GTO-Umrichtertechnik und einer Gesamtmasse der Lok von 80 t möglich ist, wobei höhere Geschwindigkeiten in engen Gleisbögen mit Radsätzen zu erzielen sind, die unabhängig von der Zugkraft radial eingestellt werden können.

Doch verdeutlichte die Studie auch, dass sowohl im elektrischen als auch im mechanischen Bereich noch grosse Entwicklungsschritte folgen mussten, bis eine solche Lokomotive wirklich fahren konnte. Denn für das Projekt „Bahn 2000" waren die Anfahrleistung im oberen Geschwindigkeitsbereich und die zulässige Fahrgeschwindigkeit in engen Gleisbögen nochmals zu steigern.

Bilder: Roger Haueter (oben), Beat Bruhin (unten)

2. Das Projekt

Erstmals in der Geschichte ihrer Triebfahrzeugbeschaffungen vergaben die SBB im Dezember 1985 einen (bis 30.06.87 befristeten) Entwicklungsauftrag an die Schweizerische Rollmaterial-Industrie, und zwar an ein Konsortium aus der AG Brown, Boveri & Cie. (später ABB Verkehrssysteme AG, heute ADtranz, ABB Daimler-Benz Transportation (Schweiz) AG) und SLM Winterthur. Der Auftrag an dieses Konsortium sah die Erarbeitung von ausführungsreifen Konstruktionsunterlagen für die Herstellung der Lok 2000 vor und beschränkte sich auf wenige Rahmenbedingungen, wobei die wichtigen betrieblichen Eckdaten gemeinsam festzulegen waren: vierachsige Lok mit der Achsfolge Bo'Bo'; Höchstgeschwindigkeit: minimal 200 bis maximal 230 km/h; Radsatzlast von maximal 20 t; möglichst grosse Antriebsleistung; grösstmögliche Betriebszuverlässigkeit und Wartungsfreundlichkeit; elektrischer Antrieb (Achsantrieb) in Umrichtertechnik mit Drehstrom-Asynchron-Fahrmotoren; möglichst schnelles Fahren in Gleisbögen auf bestehenden Streckenabschnitten; stabiler Lauf auch bei der Höchstgeschwindigkeit; Zeitmultiplex-Vielfachsteuerung über die UIC-Leitung; möglichst geringer Verschleiss der Fahrbahnen (Gleisanlagen). Seitens der Bundesbahnen lieferte die Direktion Zugförderung und Werkstätten (ZfW) die vom Konsortium benötigten Vorgaben und Randbedingungen, koordierte die am Projekt indirekt beteiligten

Oben: Die Lok 2000 wurde erstmals als ganzflächiger Werbeträger eingesetzt. Dabei belaufen sich die jährlichen Benützungsgebühren auf 240 000 Franken, hinzu kommen Produktionskosten von bis zu 100 000 Franken.
Bild unten: Die Re 460 wurden als leistungsfähige Universallokomotiven auch für den Hucke-pack-Verkehr am Gotthard beschafft.

Bilder: Foto-Service SBB (oben), ADtranz (unten)

Punkto Design und Aerodynamik beschritten die SBB bei der Lok 2000 ebenfalls neue Wege (Bild oben). In den Werkhallen der ABB (heute ADtranz) entstanden 119 Re 460 für die Bundesbahnen (Bild unten). Seite 21: Die wichtigsten Komponenten der Umrichter-Lokomotive (Erklärungen auf Seite 22).

Bilder: ADtranz (oben, rechts), SLM (unten und Seite 21)

Lok 2000

ABB Transportation Systems Ltd
ABB Systèmes de Transport SA
CH-8050 Zürich

ABB

Hochgeschwindigkeits-Mehrzweck-Streckenlokomotiven
Re 460 der Schweizerischen Bundesbahnen (SBB)

Class Re 460 High-Speed Multi-Purpose Main-Line
Lokomotives of Swiss Federal Railways (SBB)

Locomotives de ligne polyvalentes de grande
vitesse Re 460 des Chemins de fer fédéraux suisses (CFF)

Drehstromantrieb mit GTO-Umrichtern
Drehgestelle mit sich selbsttätig radial
einstellenden Radachsen
Fahrleitungsspannung: Einph.-Wechselstrom 15 kV / 16⅔ Hz

Three-phase populsion with GTO converters
Bogies with self-steering radial alignment of wheelsets
Catenary voltage: alternating current 15 kV / 16⅔ Hz

Entraînement triphasé avec convertisseurs GTO
Bogies avec essieux à orientation radiale autoguidante
Tension à la caténaire: courant monophasé 15 kV / 16⅔ Hz

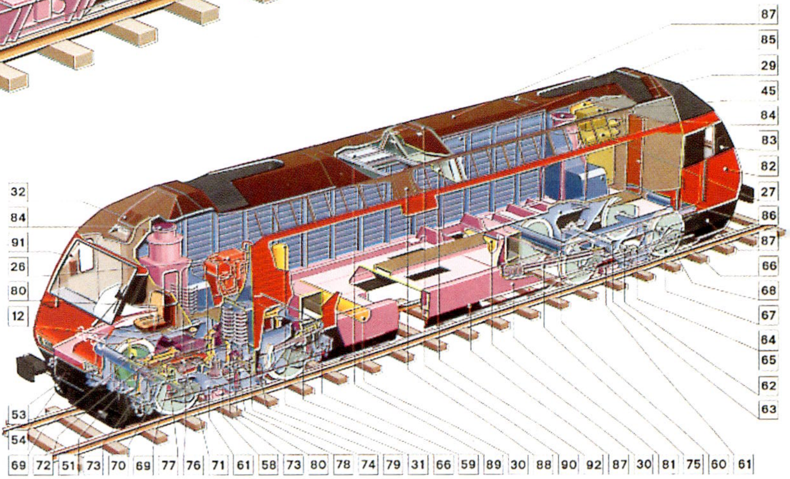

SLM

SLM Schweizerische Lokomotiv- und Maschinenfabrik AG
SLM Swiss Locomotive and Machine Works Ltd
SLM Société Suisse pour la Construction de Locomotives et de Machines SA
CH-8401 Winterthur

Legenden zur Zeichnung von Seite 21

Die wichtigsten Komponenten der Lok 2000:

1 Stromabnehmer
2 Überspannungsableiter
3 Vakuum-Hauptschalter mit Erdungstrenner
4 Primärspannungswandler
5 Haupttransformator
7 Netzwechselrichter
8 Drehstrom-Antriebswechselrichter
11 Hauptstrom-Apparateblock
12 Drehstrom-Asynchron-Fahrmotor
13 Öl-/Luft-Wärmetauscher für Haupttransformator
15 Hilfsbetriebe-Apparateblock
16 Kühlturm für Umrichter und Haupttransformator
17 Lüftermotor für Fahrmotorkühlung
22 Verdichter-/Verflüssiger-Aggregat für die Klimaanlage im Führerraum
24 Luftbehandlungsgerät
26 Kompressorgruppe
27 Pneumatische Apparatetafel
30 Vorratsluftbehälter
32 Signalhorn
37 Steuerstrom-Apparateblock
39 Elektronikschrank 3
40 Busstation Führerraum
45 Busstation Pneumatiktafel 1 (Bremsrechner)
49 Funkantenne
53 Hauptluftleitung
54 Speiseleitung
58 Permanentmagnet-Schienenbremse mit Vertikalaufhängung
60 Drehgestellrahmen
67 Monobloc-Scheibenrad
68 Radsatzwelle
75 Zug-/Druckstange für Zug-/Bremskraftübertragung zwischen Drehgestell und Lokkasten
81 Untergurt des Kastens
82 Kunststoffkabine
83 Seitenspiegel
84 Lüftungsschacht zu Fahrmotor
85 Kastenwand in Leichtbauweise
86 Kastennischen für Flexicoil-Sekundärfederung
87 Kunststoffverkleidungen
88 Luftfilter
89 Dachluke
90 Aluminium-Dach, abnehmbar
91 Panorama-Frontscheibe

SBB-Dienststellen und liess dort die anstehenden Fragen abklären. Sie überprüfte zusammen mit der Industrie ständig die Vorgaben auf ihre Machbarkeit und erarbeitete zugleich die Rahmenbedingungen für das „Rollmaterialkonzept Bahn 2000".

Vorserie

Während das Konsortium in der Folgezeit die umfangreichen theoretischen und experimentellen Vorarbeiten für den elektrischen und den mechanischen Teil der künftigen Lok leistete, erstellte die Direktion ZfW parallel dazu und in enger Absprache mit der Industrie ein Pflichtenheft für die Vorserie der Lok 2000, das gleichzeitig die Basis für die Offerte der Firmen an die SBB bildete. Auf dieser Basis wurden im Dezember 1987 die ersten zwölf Lokomotiven (Betriebsnummern 460 000 – 011) als Vorserie bei dem Konsortium bestellt, und im Juni 1989 folgte eine zweite Bestellung von weiteren zwölf Loks des gleichen Typs (Betriebsnummern 460 012 – 023). Bei dieser zweiten Bestellung stand zwar auch noch immer die Ost-West-Achse im Mittelpunkt des Interesses, doch rückte jetzt die Gotthardstrecke stärker in den Blickwinkel. Die Berechnungen, vor allem die Erwärmungsrechnung für die Fahrmotoren, ergaben für den Gotthard eine Anhängelast von 580 t, aber die Überprüfung der Kühlverhältnisse bei den Motoren zeigte Reserven z.B. bei der Drehzahl der Ventilatoren auf, so dass eine zulässige Anhängelast von 650 t am Berg erreicht werden konnte. Das ergab bei zwei Lokomotiven in Vielfachsteuerung die erfreuliche Zughakenlast von 1300 t.

Am 24. Oktober 1989 ermächtigte der Schweizerische Bundesrat in seinem Beschluss hinsichtlich „Angebotsverbesserung im Huckepackverkehr (Übergangslösung)" das Eidgenössische Verkehrs- und Energiedepartement EVED, die SBB mit einer sofortigen Kapazitätserhöhung im Huckepackverkehr am Gotthard zu beauftragen und zu einer möglichst günstigen Beschaffung von Lokomotiven für den erweiterten Huckepackverkehr (unter Einbezug ausländischer Anbieter) zu verpflichten. Die SBB luden nun im ersten Halbjahr 1990 acht anerkannte Lokomotivbaufirmen (davon sechs ausländische) zur Abgabe einer Offerte ein und erhielten zwei Angebote: ein sehr interessantes von einem ausländischen Konsortium und eines von ABB/SLM mit der Lok 2000 (in leicht angepasster Form) sowie mit zwei „abgespeckten" Varianten der Lok 2000. Während eine „Lok 2000 light" keine Chance bei der Evaluation hatte, erwies sich der Grundtyp sowohl in preislicher als auch in technischer Hinsicht konkurrenzfähig mit dem ausländischen Angebot, hatte aber im Hinblick auf die Logistik erhebliche Vorteile: einheitlicher Lokomotivpark, vereinfachte Instruktion des Personals, einheitliche Bedienung und vereinfachte Lagerhaltung (z. B. für Ersatzteile). Und so bestellte der Verwaltungsrat der SBB mit Beschluss vom 27. Juni 1990 und Einverständnis des EVED 75 leistungsfähige Universallokomotiven vom Typ „Lok 2000" (Betriebsnummern 460 024 – 098) für den Huckepackverkehr am Gotthard bei dem Schweizerischen Konsortium; dies war die grösste Lokomotiv-Serienbestellung in der Geschichte der SBB. Ein weiteres Novum bestand darin, dass nunmehr 99 Loks bestellt worden waren, ohne einen Prototyp zu bauen. Dies wurde nur durch den Einsatz von Computern mit neuen Berechnungs-, Konstruktions- und Fertigungsmethoden möglich. Übrigens gab es später noch eine Nachbestellung von 20 Lokomotiven (Betriebsnummern 460 099 – 118).

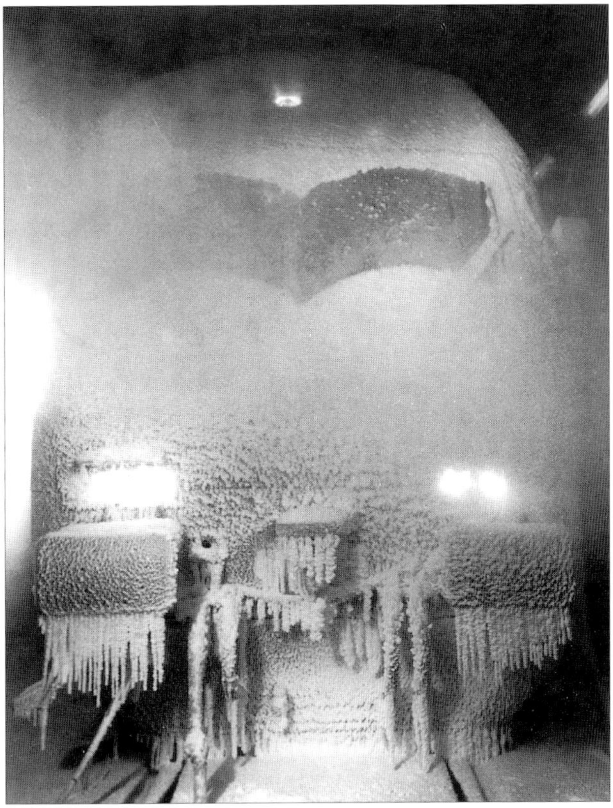

Bild: SLM

In der Klimakammer testete man die Lok 2000 unter den härtesten Bedingungen von bis zu -20°C und Flugschnee.

Anspruchsvolles Pflichtenheft

Da das Projekt „Lok 2000" von Anfang an eher universell ausgelegt worden war, musste das Pflichtenheft für die neuen Aufgaben am Gotthard nur geringfügig angepasst werden. Dieses Pflichtenheft gliedert sich in die betrieblichen Grundanforderungen, die Randbedingungen, die Erwartungen der SBB und die Bauart.

Die betrieblichen Grundanforderungen sehen nunmehr vor, dass die Re 460 als

Aus den zahlreichen Vorschlägen kommt der Entwurf ganz oben der heutigen Form der Re 460 am nächsten.

Universaltriebfahrzeug auf allen SBB-Strecken einsetzbar sein muss; ausserdem halten sie folgende Punkte fest: Pendelzugfähigkeit (auch bei den hohen Geschwindigkeiten von IC-Zügen); Höchstgeschwindigkeit von 230 km/h; Fähigkeit, auf Streckenneigungen von 27 ‰ Anhängelasten von 650 t anzufahren, auf die zulässige Höchstgeschwindigkeit zu beschleunigen und bei der Talfahrt in Beharrung elektrisch zu bremsen; elektrische Bremse als Rekuperationsbremse, die Energie wieder in die Fahrleitung zurückgibt; Vielfachtraktion von maximal 4 Lokomotiven mit dem kabelgebundenen Zeitmultiplex-System; Option, die Loks als Mehrsystem-Maschinen für den grenzüberschreitenden Verkehr weiterzuentwickeln.

Die Randbedingungen des Pflichtenheftes besagen folgendes: Das Gewicht der Loks darf bei halb abgenützten Rädern und Bremssohlen 81 t nicht überschreiten. Die Fahrzeuge müssen extremen Witterungsverhältnissen standhalten: ca. 30°C und 100 % relative Luftfeuchtigkeit in den Alpentunneln, bis 50°C im Sommer, bis -20°C und Flugschnee im Winter. Die Maschinen sind für eine Fahrleitungsspannung von 12 bis 17,5 kV und eine Frequenz von 16,7 bis 17 Hz auszulegen; kurzzeitige Betriebsspannungen bis max. 18,5 kV dürfen (noch) keine Schäden hervorrufen, bei Spannungen von 10 bis 12 kV muss die Lok (mit reduzierter Leistung) betriebsfähig bleiben. Wenn die Energieversorgung kritisch ist, muss der Lokführer die Möglichkeit haben, den Primärstrom zu begrenzen. Die Signale für die Vielfach- und Fernsteuerung werden über die 4(+3)polige Leitung zur Steuerung der ep-Bremse des Zuges übermittelt. Eine einzelne ungekuppelte Lok muss Gleisbögen mit einem

Bilder: SLM (3)

Radius von 100 m befahren können, in Doppeltraktion müssen S-Bögen mit einem Radius von 150 m und einer Zwischengerade von 6 m sowie S-Bögen mit einem Radius von 190 m ohne Zwischenstück befahren werden können, die z.B. in den SBB-Werkstätten und Rangierbahnhöfen vorkommen. Die Grenzwerte für die Fahrbahnbeanspruchung, Entgleisungssicherheit sowie die Luftdruckwellen bei Zugsbegegnungen sind einzuhalten bzw. zu unterschreiten.

Die Erwartungen der SBB beziehen sich auf die Wartungsfreundlichkeit, die Zuverlässigkeit im Betrieb und den geringen Unterhaltsaufwand. Die elektrische Ausrüstung der Lok muss deshalb allenfalls durch Redundanz so ausgelegt sein, dass ein Totalausfall auf offener Strecke praktisch ausgeschlossen werden kann; bei einer grösseren Störung sollte trotzdem die Möglichkeit bestehen, bis zum nächsten Bahnhof, besser noch bis zum Eintreffen einer Ersatzlok weiterzufahren. Es wird von den Loks eine störungsfreie Laufleistung von 150 000 km erwartet, wobei als „Störung" ein Ereignis definiert wird, das zum Auswechseln der Lok oder zu einer Verspätung des Zuges führt. Nach der Einführungsphase wird eine zeitliche Verfügbarkeit der Loks von 94 % erwartet, so dass für den Betriebsunterhalt, die Reinigung, die Behebung von technischen Schäden und für Revisionen 6 % der Zeit (einschliesslich Reservefahrzeuge) bleibt. Der Zyklus für die Hauptrevisionen sieht für die 460er folgendermassen aus: Übernahme - R1 - R2 - R1 - R2 - R1 - R3, dazwischen im Bedarfsfall R0. [R0 = Radreprofilierung; R1 = Aufarbeitung des Laufwerkes (evtl. Ersatz der Radscheiben, der Lager von Fahrmotoren bzw. Achsantrieben); R2 = R1 + Revision der Hilfsbetriebemaschinen,

Mit dem futuristischen Design der Lok 2000 wurde die italienische Firma Pininfarina betraut.

Bilder: SLM (3)

evtl. der Ölkühler; R3 = R2 + Revision des gesamten elektrischen Teils + Neuanstrich] Das Intervall zwischen zwei Revisionen (ausser R0) sollte 0,8 Mio. Kilometer betragen, was einem R3-Intervall von 4,8 Mio. Kilometern entspricht, und 90 % der Lokomotiven sollten das R3-Intervall mit dem beschriebenen Revisionszyklus erreichen.

GTO, ZUB und ZFK

Wie schon in den Rahmenbedingungen zum Entwicklungsauftrag festgelegt, soll die Lok 2000 vierachsig mit der Achsfolge Bo'Bo' sein und die Umrichtertechnik mit GTO-Thyristoren aufweisen. Die Fahrmotoren sollen drehgestellweise parallel geschaltet und den Hilfsbetrieben (mit kollektorlosen Motoren) entsprechend zugeordnet sein. Die Energieversorgung der Hilfsbetriebemotoren ist so auszulegen, dass bei praktisch allen Störungen an Traktions- und Hilfsbetriebestromkreisen mit mindestens halber Leistung weitergefahren werden kann. Vier baugleiche statische Geräte in GTO-Technik sorgen für die Umformung der Einphasen-Energie (mit fester Frequenz) in Drehstrom (mit variabler Frequenz und Spannung) für die Hilfsbetriebe. Die Ventilatoren werden bedarfsweise durch die Temperatur der Objekte, die sie kühlen sollen, gesteuert. Und die Ölkühler sind so auszulegen, dass man sie nur anlässlich der R2 (evtl. der R3) ausbauen und reinigen muss. Die Zugsammelschiene muss eine Leistung von 800 kVA aufweisen. Ausserdem ist die Lok 2000 auszurüsten mit einer Zugsicherungsanlage Integra, einer Zugüberwachungsanlage Siemens ZUB 121, einer Sicherheitssteuerung mit Schnell- und Langsamgang, einer Geschwindigkeits- und Wegmessanlage Teloc 2200 mit elektronischem Datenspeicher, einer Zugfunkanlage ZFK 88, einer 200-Ah-Batterie 2 x 18 V, einer Spurkranzschmieranlage normalisierter Bauart, die jeweils auf den in Fahrtrichtung vordersten Radsatz wirkt, und einer Sandanlage, die gleichfalls auf den vordersten Radsatz wirkt. Ein Ausfall der Batterie darf keine Auswirkungen auf die Sicherheit, vor allem das Ansprechen der mechanischen Bremsen haben.

Das Konzept für das Erfassen, Anzeigen und Beheben von Störungen soll demjenigen der Baureihe 450 (S-Bahn-Lokomotiven) entsprechen, und so sollen sich bei Störungen an der Traktionsausrüstung das jeweilige Drehgestell abschalten und die Hilfsbetriebe umschalten lassen. Das Laufwerk soll gegenüber dem Verschleissverhalten der bisher am Gotthard eingesetzten Lokomotiven vom Typ Re 4/4 II, Re 4/4 III und Re 6/6 so verbessert werden, dass zwischen zwei Reprofilierungen mindestens eine Laufleistung von 250 000 km liegt. (Bei den älteren Loks sind es 70 000-100 000 km.) Ausserdem soll es folgende Merkmale aufweisen: Radialeinstellung der Radsätze unabhängig von Zug- oder Bremskraft, grosse Sicherheit gegen Resonanzen und Instabilitäten (bis zur Höchstgeschwindigkeit), Leichtradsätze mit klebgeschrumpften Vollrädern, lärmarme mechanische Bremsen, Magnetschienenbremsen mit Permanentmagneten, Zug- und Bremskraftübertragung mittels flachliegender Stangen, Zugänglichkeit zur Wartung von der Grube her. Die Loks werden mit konventionellen Puffern und Zughaken ausgerüstet, doch soll der Stossbalken so gestaltet werden, dass der spätere Einbau einer automatischen Zugkupplung möglich ist. Die Deformationselemente hinter den Puffern sollen den Lokomotivkasten bei leichteren Anprällen wirksam

Technische Daten im Vergleich Re 4/4 II / Re 460

	Re 4/4 II	Re 460
Indienststellung	1964 – 1985	1992 – 1996
Hersteller	SLM, BBC, MFO	SLM, ABB
Betriebsnummern	11101 – 11397	460 000 – 118
Gesamtzahl der gebauten Lokomotiven	276	119
Anzahl 1997	273	119
Höchstgeschwindigkeit	140 km/h	230 km/h
Gewicht	80 t	81 t
Länge über Puffer	15410 – 16800 mm	18500 mm
Höhe mit gesenktem Stromabnehmer	4415 – 4460 mm	4310 mm
Achsfolge	Bo'Bo'	Bo'Bo'
Radstand	7900 mm	13 800 mm
Triebrad-Durchmesser	1260 mm	1100 mm
Anzahl Motoren	4	4
Netzspannung	15 kV/16,7 Hz	15 kV/16,7 Hz
Stundenleistung	4700 kW	6100 kW

schützen. Die Führerkabinen sind wegen der grösseren Höchstgeschwindigkeit druckdicht mit einer gut funktionierenden Klimaanlage zu gestalten, wobei eine Notlüftung durch Klappen an den Seitentüren (bei einem Ausfall der Klimaanlage) möglich sein soll. Die Stirnfenster müssen eine Scheibenwisch- und Waschanlage aufweisen sowie innen (wie die Seitenfenster) Rollstoren. An beiden Aussenseiten sind pneumatisch steuerbare, heizbare Rückspiegel anzubringen, und der Führertisch aus einzelnen Vormontage-Elementen muss den modernsten ergonomischen Anforderungen entsprechen.

Innovation beim Design

Da sich bei den Entwicklungsarbeiten sehr schnell zeigte, dass das „Innere" der Lok 2000 auf dem technisch neuesten Stand sein würde, hatte die Generaldirektion der SBB den berechtigten Wunsch, auch das „Äussere" des Lokomotivkastens diese Innovationen widerspiegeln zu lassen. Ausserdem schien eine Lok, die als Blickfang wirkt, ein geeigneter Werbeträger für das Projekt „Bahn 2000" zu sein. Deshalb wurde für die Gestaltung des Lokomotivkastens die italienische Designerfirma Pininfarina beigezogen, die eine Reihe von mehr oder weniger konventionellen Entwürfen vorlegte. Bei dem mehrstufigen Auswahlverfahren wurden selbstverständlich auch Windkanaluntersuchungen gemacht, und so entschieden sich SLM und Pininfarina für den Vorschlag Nr. 4, der die beste Aerodynamik der Lok im Zugverband garantierte. Hinsichtlich der Lackierung der Lok machte der italienische Designer keine konkreten Vorschläge, sondern nur Anregungen, und so entschieden sich die SBB für ein Konzept, das dem ursprünglichen Erscheinungsbild der Re 4/4 IV ähnelte. Da man sich zu diesem Zeitpunkt für einen Anstrich der im Bau befindlichen Brünigbahn-Serienlokomotiven HGe 4/4 II 101961 ff. entscheiden musste, erprobte man kurzentschlossen die farbliche Gestaltung der Re 460 an diesen Meterspur-Zahnradlokomotiven. Allerdings trug vor allem die farbliche Gestaltung den Re 460 in Anlehnung an „Coca Cola" den

2000
460 049-0
SBB CFF FFS
SBB CFF FFS

relativ abschätzigen Spitznamen „Coggi-Büx" ein.

Druckertüchtigung

Im Hinblick auf die Aerodynamik ergeben sich bei schneller fahrenden Eisenbahnzügen vier Erscheinungen, die sich mit zunehmendem Tempo verstärken: Die Luft, die den Kopf einer schnell fahrenden Lokomotive umströmt bzw. diesem seitlich und nach oben ausweicht, ergibt eine Art „Bugwelle". Begegnen sich zwei Züge auf offener Strecke, erzeugt diese Bugwelle beim Gegenzug Druckdifferenzen zwischen dem Inneren und dem Äusseren des Zuges und löst bei höheren Geschwindigkeiten unerwünschte, zum Teil auch gefährliche Vorgänge aus. So können einfach verglaste Senkfenster bei Reisezugwagen eingedrückt werden, die Seitenwände der Reisezugwagen können elastisch nach innen durchgebogen werden, was bisweilen zu schlagartigen Bewegungen führt, das Ladegut von offenen Güterwagen kann sich verschieben. Ein zweiter Effekt ergibt sich jedesmal dann, wenn ein Zug in einen Tunnel einfährt: Denn bei der Einfahrt des Zuges entsteht eine Druckwelle, die mit Schallgeschwindigkeit durch den Tunnel läuft, an dessen Ende reflektiert wird und als Entspannungswelle wieder auf den einfahrenden Zug trifft. Gemäss den physikalischen Gesetzen hinsichtlich der Überlagerung von pha-

Die erste Re 460 wird von zwei fahrbaren Schwerkränen bei der SLM Winterthur aufs Geleise gesetzt. Vorangehende Doppelseite: Die Lok 2000 haben die schnellen InterCity-Dienste übernommen – im Bild die Lok 460 049-0 bei Bürglen im Kanton Thurgau.

Bilder: SLM (links), Heinz Sigrist (Seiten 28/29)

sengleichen Wellen verstärken sich die Druckwellen, wenn zwei Züge gleichzeitig in einen zweigleisigen Tunnel einfahren. Deshalb ist dem Thema „Druckertüchtigung" eine grosse Bedeutung beizumessen, je mehr Tunnel mit hohen Geschwindigkeiten durchfahren werden, was ja beim Projekt „Bahn 2000" der Fall sein dürfte. Wenn eine Lok einen symmetrischen Aufbau aufweist, wie es bei einer Universallokomotive die Regel ist, ergeben sich (als dritte Erscheinung) zwischen der Lok und dem ersten Wagen relativ ungünstige Strömungsverhältnisse, die immer schlechter werden, je stromlinienförmiger die Kopfpartien der Lok gestaltet wurden. Deshalb muss man darauf achten, dass nicht das, was hinsichtlich des Luftwiderstandes auf der Vorderseite der Lok gewonnen wurde, am ersten Wagen wieder verloren geht. Und schliesslich löst sich bei einem stromlinienförmigen Übergang von der Front- zur Dachpartie die Luftströmung weniger stark von der Oberfläche der Lokomotive und schmiegt sich im vorderen Bereich des Daches schon wieder an die Oberfläche an, was beim Ansaugen von Frischluft zu Kühlzwecken einen durchaus positiven Effekt hat.

Eine ausländische Schweizer Lok?

Indirekt zum Thema „Projekt" gehört auch die Tatsache, dass die SBB bei den Lok 2000 einen neuen Weg für die Finanzierung beschritten: Im Verlaufe von verschiedenen Transaktionen, deren erste der SBB-Verwaltungsrat im November 1992 gebilligt hatte, verkauften die Bundesbahnen Rollmaterial, das sie zunächst erworben hatten, an einen Investor, z. B. die Wilmington Trust Company, um es anschliessend sofort wieder für eine bestimmte Vertragsdauer zu leasen. Es handelt sich dabei um ein sogenanntes „Sale-and-Lease-Back"-Verfahren. Allerdings erbringt der (amerikanische) Investor aus fiskalischen Überlegungen nur einen Teil des Kaufpreises; den Rest tilgt die Eurofima, deren Sicherstellung durch Einräumung eines Pfandrechts erfolgt. Nach Ablauf der 15-jährigen Vertragsdauer stehen den SBB grundsätzlich drei Optionen offen, von denen der Rückkauf des Rollmaterials die wahrscheinlichste ist. Gegen das finanzielle Risiko, das sich aus den Währungsschwankungen ergibt, sind die SBB durch sogenannte „Swapgeschäfte" – das sind langfristige Devisen-Termingeschäfte – abgesichert, während das Konkursrisiko dadurch minimiert wird, dass dem jeweiligen Investor ein Trust mit mehreren Undertrusts vorgelagert wird. Diese komplizierte, aber kostensparende Finanzierung wird im Führerstand verschiedener 460er durch Hinweisschilder auf die Eigentumsverhältnisse sichtbar: Dort ist in englischer, deutscher, französischer und italienischer Sprache zu lesen: „Owned by Wilmington Trust and pledged to Eurofima" – „Eigentum der Wilmington Trust und verpfändet an Eurofima" – „Propriété de Wilmington Trust et mise en gage en faveur d'Eurofima" – „Proprietà di Wilmington Trust é data in pegno a favore di Eurofima". Berechnungen nach der 5. Transaktion im Dezember 1994 ergaben, dass sich die Gesamtersparnis für die 75 Lok 2000 (Re 460 000 – 044, 046 – 075) und die 35 vollständigen S-Bahn-Kompositionen (Re 450 024 – 043 und 045 – 059), die bis zu diesem Zeitpunkt an den amerikanischen Investor verkauft worden waren, auf 150 Mio. Schweizer Franken belief. Pro Lok 2000 geht man dabei von einer Einsparung von 0,996 Mio. CHF aus.

Das Farbdesign wurde an den Brünig-Zahnradlokomotiven HGe 4/4 II ausprobiert (oben).
Vor Güterzügen kommen die Re 460 auch in Doppeltraktion mit Vielfachsteuerung zum Einsatz (unten).

Bilder: Ronald Gohl (oben), Dietmar Beckmann (unten)

TECHNIK 2

Oben: Die Führerkabinen sind aus Kunststoff gefertigt und werden nachträglich eingesetzt.
Nächste Seite: In der Klimakammer bewährten sich die Re 460 auch bei eisigen Temperaturen.

Bilder: SLM (Seiten 33 und 34)

3. Mechanischer Teil

Der mechanische Teil einer Lokomotive besteht aus dem Fahrwerk einer- und dem Lokomotivkasten andererseits. Das Laufwerk einer Lok besitzt mindestens ein Triebdrehgestell, das – im Unterschied zu den Laufwerken der Reisezug- und Güterwagen – in der Lage sein muss, grosse Zugkräfte zu übertragen. Für diese Übertragung braucht es ein optimales Zusammenspiel von Rad und Schiene, und zugleich wird deutlich, dass jede Lokomotive die Fahrbahn und ihr Fahrwerk sehr stark beansprucht. Dabei rufen die verschiedenen Kräfte, die zwischen Rad und Schiene wirken, die sogenannten „Spurführungskräfte", eher negative Wirkungen hervor: Zum einen wollen sie vor allem in den Kurven die Schienen aus der Verankerung auf den Schwellen reissen; zum zweiten wollen sie Schienen und Schwellen nach der Aussenseite des Gleisbogens verschieben; zum dritten verschleissen sie den Schienenkopf und zum vierten die Laufflächen der Räder. Es sind ständig aufwendige und kostenintensive Unterhaltsarbeiten notwendig, um diese Abnützungserscheinungen zu korrigieren, die durch den regulären Betrieb hervorgerufen werden. Deshalb muss die Betriebsführung jeder Eisenbahn daran interessiert sein, die Spurführungskräfte bei den Triebfahrzeugen samt der davon hervorgerufenen Auswirkungen möglichst gering zu halten. Dieses Ziel kann durch ein niedriges Fahrzeuggewicht sowie eine gleisschonende Fahrwerkskonstruktion erreicht werden, am besten natürlich durch eine Kombination von beidem. Und so verlangen die meisten europäischen Eisenbahnen in den Pflichtenheften für Lokomotiven Achslasten von höchstens 20 t, was bedeutet, dass eine vierachsige Lok maximal 80 t Masse auf die Waage bringen darf. Andererseits wird von den Loko-

Im September 1993 liefen die Montagearbeiten an den Re 460 in den Werkhallen der Schweizerischen Lokomotiv- und Maschinenfabrik Winterthur (SLM) auf Hochtouren.

Bild: Bruno Hitz

Genau diese Anforderungen standen auch im Pflichtenheft für die Lok 2000, und so stellt das Fahrwerk dieser Lok eine der bedeutendsten mechanischen Neuerungen im Bau von Triebfahrzeugen dar.

Eine Leichtbau-Lok

Dank der leichten, aber sehr leistungsstarken Asynchron-Motoren konnte die Anfahrleistung jedes einzelnen Radsatzes auf 1525 kW angehoben werden; im Vergleich dazu beträgt die Radsatz-Leistung bei der Re 4/4 II 1150 kW. Trotzdem stieg das Gewicht des Drehgestells nicht, sondern wurde auf 15,8 t gesenkt, was einer Reduktion von 20 % gegenüber der Re 4/4 II mit einem Drehgestellgewicht von 20 t entspricht. Auf diese Weise liess sich auch die unab-

Drehgestell und Lokomotivkasten sind die Komponenten des mechanischen Teils. Ein wichtiges Anliegen der Konstrukteure waren eine gewichtssparende Bauweise sowie hervorragende Laufeigenschaften.

motiven eine möglichst hohe Leistungsfähigkeit erwartet, und so muss die Rollmaterial-Industrie ein Hauptaugenmerk auf die Konstruktion und den Bau der Drehgestelle richten, und zwar solcher mit hervorragenden Laufeigenschaften vor allem in Kurven.

Bilder: SLM (2)

Meilensteine der Lok 2000

Jahr	Ereignis
1973	Leitplan der Europäischen Eisenbahn der Zukunft durch die UIC
1984	Projekt einer Pendelzug-Komposition für die „Bahn 2000"
1985	Machbarkeitsstudie der SLM für eine 80 t-Lok mit GTO-Umrichtertechnik
Dezember 1985	SBB vergeben Entwicklungsauftrag an die Schweizer Rollmaterial-Industrie
Dezember 1987	Bestellung der ersten zwölf Lokomotiven des Typs Re 460 beim Konsortium SLM / BBC (später ABB, heute ADtranz)
Juni 1989	Bestellung von weiteren zwölf Lokomotiven der gleichen Baureihe
27. Juni 1990	Bestellung von nochmals 75 Lokomotiven für den Huckepackverkehr am Gotthard
5. Februar 1991	Erster öffentlicher Auftritt der Re 460 000-3 anlässlich der Einweihung des neuen Bahnhofes Luzern – die Lok konnte noch nicht mit eigener Kraft fahren
Juni 1991	Erste Fahrversuche auf dem Testgleis des ABB-Werkes Tramont
15. August 1991	Erste Schnellfahrt zwischen Zürich und Romanshorn
August	Presse-Vorstellung mit einer Fahrt von Bern nach Vernayaz
30. November 1991	Re 460 002-9 wird auf dem Rollprüfstand der Deutschen Bahn AG in München-Freimann ausführlich getestet
Februar 1992	Re 460 003-7 wird als erste Maschine offiziell von den SBB abgenommen
Juli 1992	Ablieferung der Huckepack-Lokomotiven beginnt mit den Re 460 024 – 25
Oktober 1992	Mit den bis dato zehn abgelieferten Maschinen kommt es zu ersten Planeinsätzen vor Güterzügen
Mai 1993	Ab Fahrplanwechsel verstärkter Einsatz der Re 460 vor IC-Zügen auf der Ost-West-Achse
Juli 1993	Rekordfahrten mit 230 km/h zwischen Martigny und Riddes
April 1994	Re 460 078-9 wird bei der Hannover-Messe mit dem „Design-Preis Schweiz" ausgezeichnet
August 1994	Ablieferung der letzten Huckepack-Lok mit der Re 460 098-7
September 1994	Planeinsätze vor IC-Zügen zwischen St. Gallen und Genf
1. März 1996	Inbetriebnahme der letzten von insgesamt 119 „Lok 2000"
Juni 1997	Einsatz vor IC-Pendelzügen und IC-Doppelstöckern auf der Ost-West-Achse und auf der Strecke St. Gallen – Interlaken

gefedert wirksame Masse, die für die Rad-/Schiene-Kräfte von ausschlaggebender Bedeutung ist, im Vergleich zur Re 4/4 II um rund eine Tonne auf 1970 kg pro Radsatz senken.

Aber nicht nur durch die Verwendung der leichten Asynchron-Motoren (statt der bisher benutzten, platz- und gewichtsaufwendigeren Kollektor-Motoren) half Gewicht einsparen, sondern auch eine Reihe von konstruktionsmässigen Verbesserungen: Der ganze Drehgestellrahmen wurde nur noch geschweisst, wobei man für die Längs- und Mittelträger 7 - 10 mm dicke Bleche und für die Kopfträger Stahlrohre mit 8 mm dicken Wänden verwendete; Stahlgussteile, die noch bei den Drehgestellen der Re 4/4 II oder Re 6/6 zur Anwendung kamen, gab es nicht mehr. Während bei der ersten und zweiten Serie von Lok 2000 die Radsatzlager-Gehäuse noch als Schweisskonstruktionen gefertigt wurden, verwendete man bei den Huckepack-Loks den sogenannten „Sphäro-Guss" statt des dickwandigeren Stahlgusses. Ähnlich wie bei den S-Bahn- Loks vom Typ Re 450 benutzte man Radsätze mit hohlgebohrten Wellen und Monobloc-Scheibenrädern, deren Nabenpartie so schlank gestaltet war, dass zu einem kraftschlüssigen Sitz statt des bisher angewendeten Schrumpfsitzes wieder das Klebschrumpfverfahren notwendig wurde.

Um weiteres Gewicht einzusparen, wurde auch das Konzept der mechanischen Bremsen verändert: Eigentlich müsste das Leistungsvermögen der mechanischen Bremsen in dem Masse steigen, in dem die Fahrgeschwindigkeit erhöht wird. Bei den 460ern ist jedoch das Gegenteil geschehen, so dass die Loks rein elektrisch bis fast zum Stillstand gebremst werden. Nur im Falle einer Störung an den elektrischen Bremsen kommen die mechanischen, die aus einer Klotz- und einer Magnetschienenbremse bestehen, zum Einsatz. Obwohl eine Störung an den elektrischen Bremsen höchst unwahrscheinlich ist, dürfen allein fahrende Re 460 nur mit einer Höchstgeschwindigkeit von 125 km/h verkehren; die höheren Geschwindigkeiten sind – wie bei anderen Schnellfahr-Lokomotiven auch – nur im Zugverband erlaubt. Zur Gewichtsersparnis wurde ausserdem sowohl auf Scheibenbremsen als auch auf die sonst üblichen Bremsgestänge verzichtet, so dass pro Rad nur noch eine Bremseinheit SAB mit zwei Bremsklötzen vorhanden ist, die man aus Platz- und Zugänglichkeitsgründen an den Kopfträgern aufhängte. Die Konstruktion der Aufhängung wurde so gewählt, dass die Bremsklötze seitlichen Extrembewegungen der Räder folgen können. Die Magnetschienenbremse hat bei Störungen an den elektrischen Bremsen eine Sicherheitsfunktion und muss deshalb von der Batterie unabhängig sein; und so wurde sie als Permanent-Magnetschienenbremse ausgeführt. Sie ersetzt ausserdem als Feststellbremse auch die sonst übliche Handbremse.

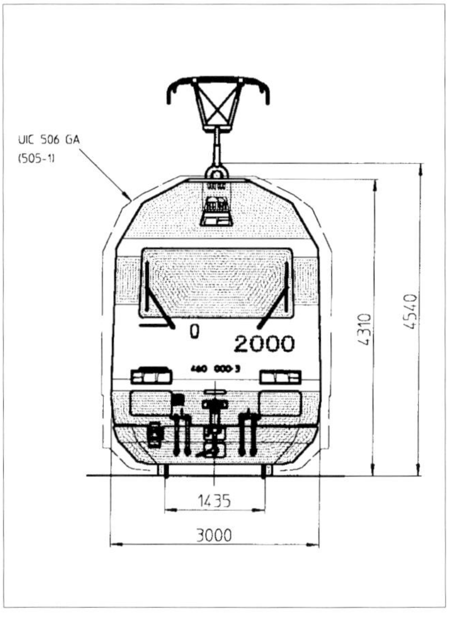

Drei Meter breit und rund viereinhalb Meter hoch ist die Lok 2000. Die grosse Panorama-Frontscheibe und die schmalen Scheinwerfer verstärken den Eindruck einer modernen Universal-Lokomotive

Bild: SLM

Zugkraftübertragung und Antrieb

Die Übertragung der Zugkraft zwischen den Drehgestellen und dem Lokomotivkasten geschieht bei der Lok 2000 über kombinierte Zug-/Druck-Stangen, wobei der drehgestellseitige Angriffspunkt so tief gelegt wurde, wie es von der Konstruktion her möglich war. Auf diese Weise bleiben bei allen Zugkräften die Unterschiede der Radsatzlast innerhalb des jeweiligen Drehgestells relativ klein. Im Inneren des einzelnen Drehgestells leiten Gestänge, die ausserdem die Achswellen untereinander verkoppeln, die Zugkräfte von den Radsätzen zum Drehgestellrahmen. Dank dieser Kinematik können sich die Radsätze in Gleisbögen unabhängig von der Zugkraft radial einstellen, was wesentlich zur Verminderung der Rad-/Schiene-Kräfte in Kurven und damit zur Erhöhung der Geschwindigkeit beiträgt.

Der Antrieb, also die Drehmoment-Übertragung vom Motor zum Rad, geschieht über ein Getriebe mit Zwischenrad,

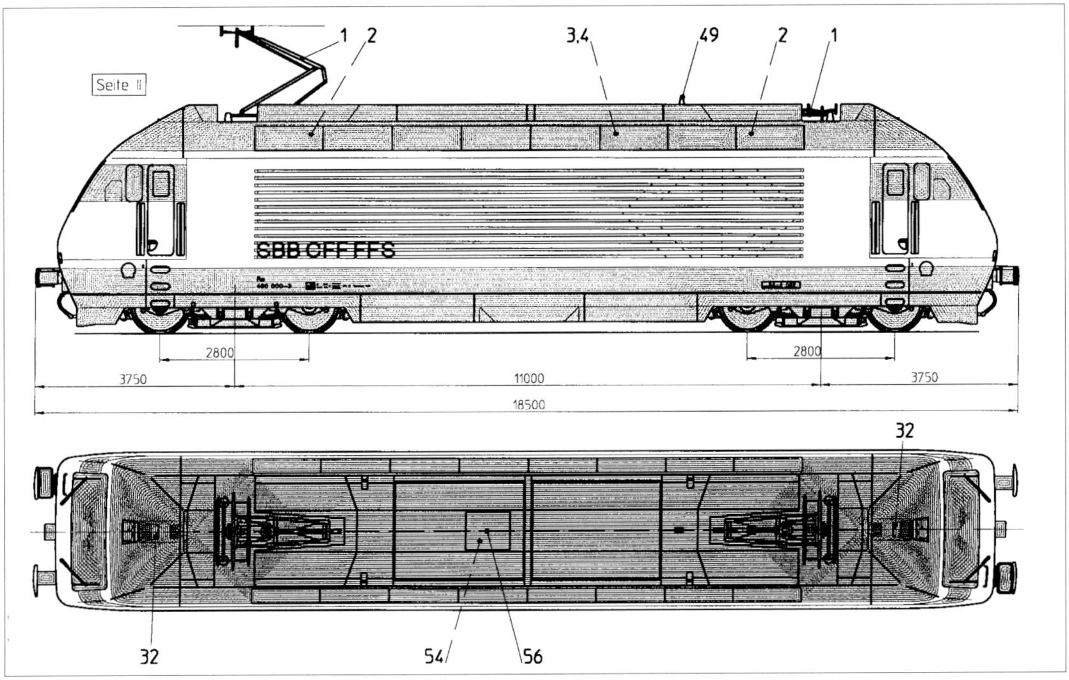

einen „Flexring" von Gummi-Sandwich-Elementen auf eine Hohlwelle, von dieser über einen zweiten Flexring auf die eine Radscheibe und vor dieser mittels der Achswelle auf das andere Rad. Es handelt sich also um einen sogenannten „Hohlkardanwellen-Antrieb", dessen Vorteile in einer reinen Drehmoment-Übertragung ohne Rückwirkung von Vertikalbewegungen des angetriebenen Radsatzes auf den Motor, in einer frei wählbaren Drehelastizität und Drehdämpfung sowie in einer Unwuchtfreiheit bestehen. Da bei den Lok 2000 der jeweilige Motor-Getriebe-Block nur in vertikaler Richtung mit dem Drehgestellrahmen kraftschlüssig verbunden ist, muss die Drehmoment-Übertragung nicht nur die Vertikalbewegungen des Radsatzes, sondern zudem noch einen Teil der Quer- und Schwenkbewegungen auf der horizontalen Ebene aufnehmen. Durch diese Beweglichkeit des Motor-Getriebe-Blockes in der waagrechten Querrichtung wurde die Laufstabilität der Lok entscheidend verbessert, wozu noch entsprechende Federn und Dämpfer ihren Beitrag leisten. Nachdem die verschiedenen Komponenten wie Federn und Dämpfer rein

Legende zur Typenskizze: 1) Stromabnehmer, 32) Signalhorn, 49) Funkantenne, 54) Dachluke; Unter der Dachhaube befinden sich: 2) Überspannungsableiter, 3) Vakuumhauptschalter, 4)Primärspannungswandler, 56) ep-Bremssteuerleitung

Verzahnungsdaten Stirnradgetriebe

		Gerade-Verzahnung	4°-Schräg-Verzahnung
Lokomotiven		Re 460 000 – 003	Re 460 004 – 118
Modul		8,820	6,47
Zähnezahlen	Ritzel	24	33
	Zwischenrad	37	33
	Grossrad	88	121
Übersetzungsverhältnis		1:3,6667	1:3,6667

Bild: SLM

Im modernen ABB (heute ADtranz)-Montagewerk Tramont stehen zwei Re 460, eine Re 4/4 der Bodensee-Toggenburg-Bahn (BT) sowie vier S-Bahnloks der Baureihe Re 450.

Bild: SLM

theoretisch berechnet und ihre Einflüsse auf das Fahrverhalten der Lok in Computersimulation „erprobt" worden waren, mussten sie sich auf dem Rollprüfstand der Deutschen Bahn AG in München-Freimann „praktisch" bewähren, was zu sehr positiven Ergebnissen führte, die computergestützten Berechnungen vollumfänglich bestätigte und sich später positiv auf die Inbetriebsetzungszeit auswirkte.

Es war also gelungen, ein Triebdrehgestell zu konstruieren, dessen elastische Elemente kräftefrei sind und dessen Radsätze sich deshalb auch dann radial einstellen können, wenn die Lok einen Zug am Haken hat. Ausser dieser Verbesserung von zentraler Bedeutung gibt es am Laufwerk der Re 460 noch ein paar unscheinbarere Teile, die aber die Wartungs- und Betriebsfreundlichkeit der Lok erhöhen: Nur noch der in Fahrtrichtung jeweils vordere Radsatz wird besandet, und die Sandbehälter befinden sich in der Stossbalkenpartie des Kastens. Die Rohre der Besandungsanlage sind am Drehgestellrahmen befestigt und durch je einen flexiblen Schlauch mit dem jeweiligen Behälter verbunden. Gleichfalls wird nur noch der jeweils vorlaufende Radsatz geschmiert, wobei der Ölbehälter am inneren Kopfträger des Drehgestellrahmens befestigt ist. Die Faltenbälge für die Motorbelüftung bestehen aus einem alterungsbeständigen Material, das bei anderen modernen Triebfahrzeugen mit bestem Erfolg erprobt wurde, und sind deshalb nicht mehr so anfällig auf Lecks. Schliesslich befestigte man die Triebradabdeckungen aus Stahlblechprofilen elastisch am Drehgestellrahmen.

Der Lokomotivkasten

Auch bei der zweiten Komponente des mechanischen Teils, dem Lokomotivkasten, muss ständig auf eine möglichst grosse Gewichtsersparnis geachtet werden. Andererseits hat das Pflichtenheft zwangsläufig gewisse Auswirkungen auf die Gestalt des Kastens: Der Kasten muss fast rechtwincklig sein, falls es sich um ein Universal-Triebfahrzeug mit einem symmetrischen Aufbau und konventionellen Puffern und Zughaken handeln soll. Wenn das Fahrzeug in relativ engen Gleisbögen mit höheren Geschwindigkeiten verkehren soll, muss die Wankneigung des Kastens möglichst gering sein, was wiederum hohe, bis weit in den Kasten reichende Sekundärfedern und einen tiefen Schwerpunkt voraussetzt. Um Gewicht zu sparen, bestehen die Seitenwände der Re 460 – wie bei anderen modernen Triebfahrzeugen auch – aus dünnem, aber gesicktem Stahlblech, wobei im Bereich der Sekundärfedern unmittelbar hinter den Führerständen auf Sicken verzichtet wurde, weil an diesen Stellen die Vertikalkräfte in den Kasten der Lok geleitet werden. Des weiteren muss der

Überhang des Kastens von der Drehgestellmitte bis zur Pufferebene möglichst klein sein, wenn das Fahrzeug im Pendelzug-Betrieb eingesetzt werden soll. Nur so lassen sich im Schiebebetrieb vor allem beim Befahren von Weichen grössere Querauslenkungen zwischen den Puffern der Lok und den Puffern des ersten geschobenen Wagens verhindern und die Spurführungskräfte dieses Wagens verkleinern. Deshalb beträgt bei der Re 460 der als „freie Stützlänge" bezeichnete Abstand zwischen den Drehgestellmitten immerhin 11,0 m, während er bei der Re 4/4 IV nur 7,9 m misst. Dieser Unterschied wird noch bemerkenswerter, wenn man bedenkt, dass die im Kasten untergebrachte elektrische Ausrüstung der Re 460 erheblich schwerer ist als die der Re 4/4 IV. Schliesslich beeinflusste auch noch diese Tatsache die Gestaltung der tragenden Strukturen, dass Öffnungen von 6 m Länge zwischen den Dachspanten erforderlich waren, um die (elektrische) Ausrüstung in den Maschinenraum vom Dach her einbauen zu können.

Erstmals war für die Gestaltung des Lokomotivkastens ein Designer herangezogen worden, und dies beeinflusste massgeblich die Wahl des zu verwendenden Materials: Die sphärischen Formen des ausgewählten Designs liessen sich nämlich fast nur in Kunststoff verwirklichen. Aus Sicherheitsgründen dürfen aber die in Kunststoff gefertigten Teile wie Führerkabine samt Türen, Verschalung der Stossbalken, seitliche Abdeckschürzen, Dachteile und Stromabnehmer-Abdeckhauben keine tragende Funktion haben. Wie Kunststoff im Lokomotivbau erstmals in grossem Stile eingesetzt wurde, ist im Kapitel „Führerstand" (Seite 57) ausführlich beschrieben.

Die tragende Struktur des Lokomotivkastens besteht aus dem Bodenrahmen mit den Stossbalken sowie den Aufbauten für die Kastenabstützung auf den Sekundärfedern, den grösstenteils gesickten Seitenwänden, den Rückwänden der Führerstände und den Dachspanten; es handelt sich dabei um eine verwin-

Oben: Rangiertritt – durchdachtes Detail; Unten: Die 119. Lok der Serie, aerodynamisch und schnell.

Bilder: Ronald Gohl (oben), Foto-Service SBB (unten)

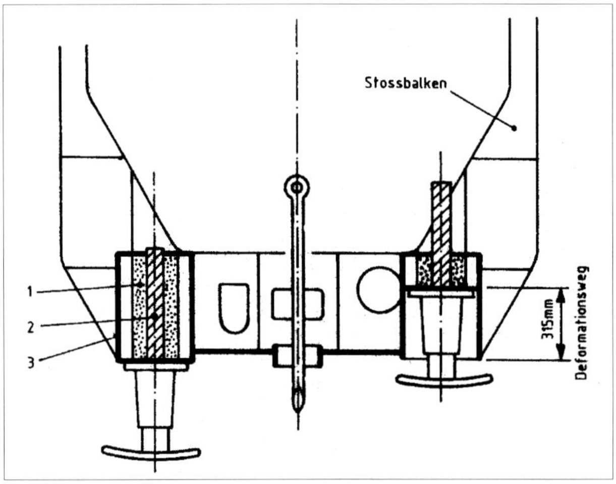

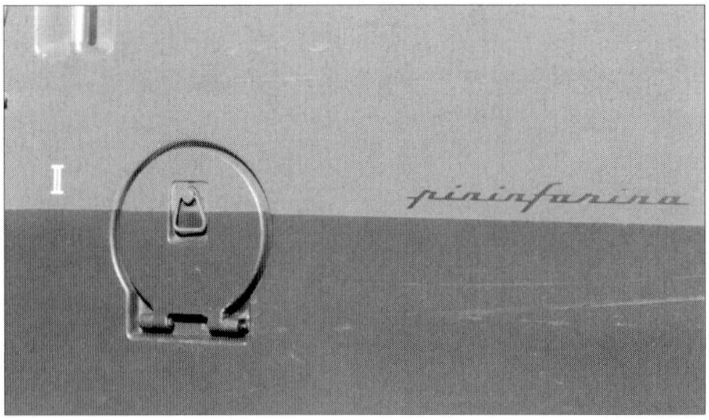

Legende zur Grafik oben: 1) Deformationselement 2) Führungsflansch 3) Hohlkasten; Bild Mitte: Wer die Lok entworfen hat, wird gerne angeschrieben, denn Pininfarina ist weltweit ein Begriff.

Grafik: SLM/SBB – Bild: Ronald Gohl (mitte)

dungssteife Leichtbaustruktur aus geschweisstem Stahlblech, wobei die Stahlbleche schwach mit Kupfer legiert wurden, um die Korrosionsfestigkeit zu erhöhen. Gewisse ausserordentliche Beanspruchungen, z. B. das Aufgleisen oder Anheben am Kran, wie es beispielsweise in den Werkstätten üblich ist, hält diese Struktur ohne plastische Verformungen aus, auch wenn die Drehgestelle nicht entfernt werden. Die als „Untergurte" bezeichneten Längsträger konnte man ohne vertikale Kröpfung auf der Höhe der Stossbalken durchziehen, so dass die ganze Struktur Pufferstösse besser auffängt. Die aus 10 mm dicken Blechen geformten Stossbalken wirken als Biegeträger und leiten die Kräfte, die von den Puffern bzw. den Zughaken übertragen werden, als reine Zug- oder Druckbelastung an die beiden Untergurten weiter. Hinter den Puffern befinden sich (statt der bisher verwendeten Stauchrohre) Deformationselemente aus Aluminiumwaben, die gegenüber der früheren Lösung fast 400 % mehr Aufprall-Energie auffangen können. An den Stossbalken befinden sich die Steckdosen für die Zugsammelschiene und die ep-Bremsleitung sowie je zwei Absperrhähne für die Haupt- und die Speiseleitung.

Auch ein aerodynamisches Dach

Das Maschinenraumdach, das aus einer einteiligen Aluminiumkonstruktion besteht, ist ein in sich geschlossener, gewölbeartiger Hohlraum, in dem sich die Hochspannungsverbindung zwischen den beiden Stromabnehmern und alle elektrischen Dachapparate befinden. Die Einholm-Stromabnehmer sind in eigenen Dachnischen eingebaut und ragen in gesenkter Position nirgends aus dem Dach heraus, was sie wirksam vor Beschädigungen schützt. Der einteilige Dachhohlraum hat auch noch eine aerodynamische Funktion, da er einerseits zur Beruhigung der Luftströmung dient und andererseits als Luftkanal für die Kühlluft, die seitlich an den Dachschrägen durch Filter angesaugt wird. Um die Dachapparate montieren zu können, befinden sich auf dem Dach zwei Deckel, von denen der eine durch eine Luke eine Verbindung zum Maschinenraum hat. Durch diese Luke können kleinere Apparate aus dem Maschinenraum herausgeholt werden, ohne dass das ganze Dach demontiert werden muss, im Notfall könnte diese Luke auch als Fluchtweg für den Lokführer dienen.

4. Elektrischer Teil

Bei den meisten elektrischen Triebfahrzeugen, die nicht ganz modernen Baureihen angehören, werden die Motoren direkt aus der Fahrleitung mit einphasigem Wechselstrom von 16,7 Hz gespeist. Da die Fahrleitungsspannung von 15 000 V für die Motoren zu hoch ist, wird sie in einem Transformator auf ca. 600 V reduziert. Dabei ist die Traktionsleistung des Triebfahrzeugs direkt von der Höhe der Spannung abhängig: Bei einer hohen Spannung verfügt das Fahrzeug auch über eine hohe Zugkraft, bei einer niedrigen nur über eine geringe. Dieses sehr einfache Antriebssystem, das sich eigentlich seit dem Beginn der elektrischen Traktion bewährt hat, weist einen entscheidenden Nachteil auf, nämlich einen sehr komplizierten und damit wartungsintensiven Motor. Denn der elektrische Strom wird über schleifende Kontakte auf den rotierenden Motorteil übertragen, und dort übernimmt der sogenannte „Kommutator" diese Aufgabe. Da er nicht nur mechanischen, sondern auch thermischen und elektrischen Beanspruchungen unterliegt, ist er sehr verschleissanfällig und begrenzt auf diese Weise die Leistungsfähigkeit der Triebfahrzeuge.

Ein einfacher und wartungsfreier Motor

Die Ingenieure der Rollmaterial-Industrie bemühten sich schon seit längerer Zeit darum, den einfachen und fast war-

Oben: Damit bei Doppeltraktion keine benachbarten Pantographen angehoben werden müssen, verfügt die Re 460 über zwei Stromabnehmer. Man beachte, dass der Einholm-Stromabnehmer umgekehrt montiert ist als bei älteren Lokomotiven – Unten: Der Transformator mit den beiden benachbarten Drosselkesseln ist bei der Lok 2000 unterflur angeordnet.

Bilder: Foto-Service SBB (oben), ADtranz (unten)

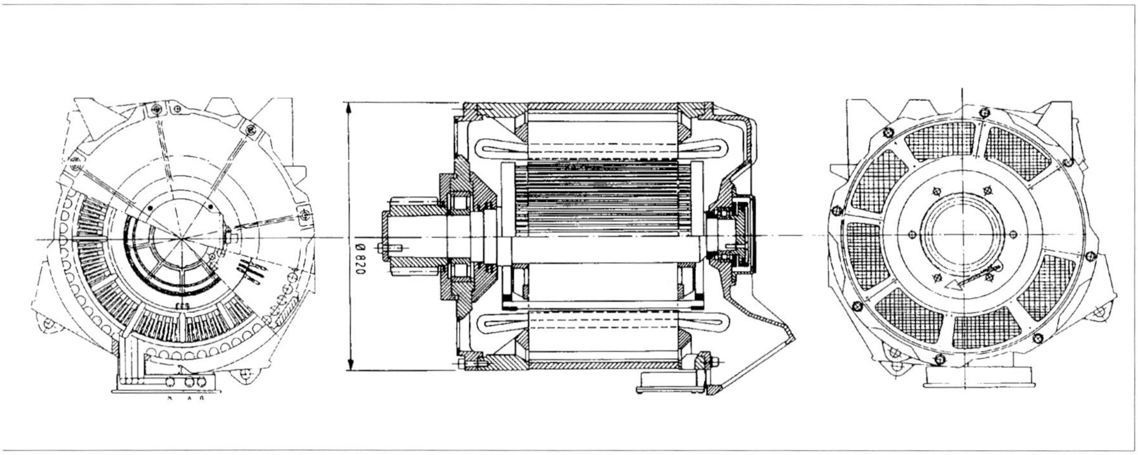

Die vier Drehstrom-Asynchron-Fahrmotoren der Re 460 gelten als besonders wartungsfreundlich.

Zeichnung: ADtranz

tungsfreien Asynchron-Motor für den Lokomotivbau nutzbar zu machen, weil diese Drehstrom-Motoren keinen Schleifring benötigen und ausserdem nur halb so schwer wie die alten Motoren sind. Denn die Übertragung der elektrischen Energie auf den Läufer des Asynchron-Motors und damit ihre Umwandlung in das Drehmoment erfolgt aufgrund einer elektro-magnetischen Wechselwirkung, also ohne jede Berührung, was einen Verschleiss beinahe ausschliesst. Doch diesen Vorteilen steht ein äusserst komplexer Aufbau der im Maschinenraum benötigten Elektronik gegenüber, und so konnten Umrichterlokomotiven erst nach bedeutenden Fortschritten in der Halbleitertechnik in wirtschaftlich vertretbarer Form realisiert werden.

Wie schon gesagt, verwenden die wichtigsten Eisenbahnen in der Schweiz für ihren Betrieb einphasigen Wechselstrom mit einer Frequenz von 16,7 Hz und einer Spannung von 15 000 V. Die Asynchron-Motoren von Fahrzeugen in Umrichtertechnik benötigen jedoch dreiphasigen Wechselstrom. Deshalb muss die Fahrleitungsspannung zunächst von einem Transformator auf etwa 800 V herabgesetzt werden, bevor die sogenannten „Vierquadrantensteller" den einphasigen Wechselstrom in Gleichstrom verwandeln, der in einen Gleichspannungs-Zwischenstromkreis mit einer Spannung von 2800 bis 3500 V fliesst. Danach wandelt der Antriebswechselrichter den Gleichstrom wieder zu Wechselstrom um, der aber jetzt in drei zeitlich gegeneinander verschobenen Phasen fliesst. Dieser Antriebswechselrichter kann nicht nur den als „Drehstrom" bezeichneten dreiphasigen Wechselstrom erzeugen, sondern auch Drehstrom mit veränderbarer Frequenz und mit veränderbarer Spannung. Die Spannung und die Frequenz haben ihrerseits einen unmittelbaren Einfluss auf die Leistungsfähigkeit des Fahrzeugs: Ist die Frequenz hoch, dreht sich der Antriebsmotor schnell, und das Fahrzeug verkehrt mit einer hohen Geschwindigkeit; ist die Frequenz niedrig, so vermindert sich auch die Schnelligkeit des Antriebsmotors und damit des Fahrzeugs. Wenn die Spannung hoch ist, erzeugt sie im Motor ein hohes Drehmoment, das dem Fahrzeug wiederum eine hohe Zugkraft verleiht, und wenn die Spannung gemindert wird, lässt die Traktionsleistung ebenfalls nach. Da man erwartet, dass sich sowohl die Frequenz als auch die Spannung stufenlos an die betrieblichen Verhältnisse anpassen las-

Die Daten der wichtigsten elektrischen Apparate

Stromabnehmer

Anzahl	2
Typ	WBL 85-SBB
Nennspannung	15 kV
Nennstrom	600 A

Vakuumhauptschalter

Typ	BVAC 15.08.25
Nennspannung	15 kV
Nennstrom	800 A
Maximaler Abschaltstrom	25 kA, 16,7 Hz

Transformator

Typ	LOT 5400
Primärwicklung	15 kV, 356 A, 16,7 Hz
Traktionswicklung	4 x 1783 V, 630 A
Zugsammelschiene	1000 V, 800 A
BUR-Wicklung	804 V, 285 A
Hilfsbetriebewicklung	110 / 220 V, 69 / 74 A

Netzstromrichter 4 QS

Anzahl	2
Zweigpaarventilsatz	4 x Typ ZV 31-4225
GTO-Thyristor Sperrspannung	4,5 kV
GTO-Thyristor Löschvermögen	2,5 kA
Spannung am Transformator	1783 V, 16,7 Hz
Gleichspannung am Zwischenkreis	3500 V
Taktfrequenz eines Ventilsatzes	200 Hz

Antriebsstromrichter

Anzahl	2
Zweigpaarventilsatz	3 x Typ ZV 31-4225
Gleichspannung am Zwischenkreis	3500 V
Spannung am Motor	3 x 0...2640 V (verkettet)
Geschwindigkeitsfrequenz	0...147 Hz

Fahrmotor

Anzahl	4
Typ	4-FXA 7065
Polzahl	4
Drehzahl	0...4180 U/min
Nennleistung an der Welle	1200 kW
Maximalleistung an der Welle	1560 kW
Nennstrom pro Phase	315 A
Spannung	3 x 0...2640 V (verkettet)

Grundriss und Schnittzeichnung der Lok 2000 zeigen die Anordnung der elektrischen Apparate. Gut zu erkennen sind die vier runden Fahrmotor-Ventilatoren (17) und die ebenso runden Kühltürme (16) für Stromrichter und Transformator

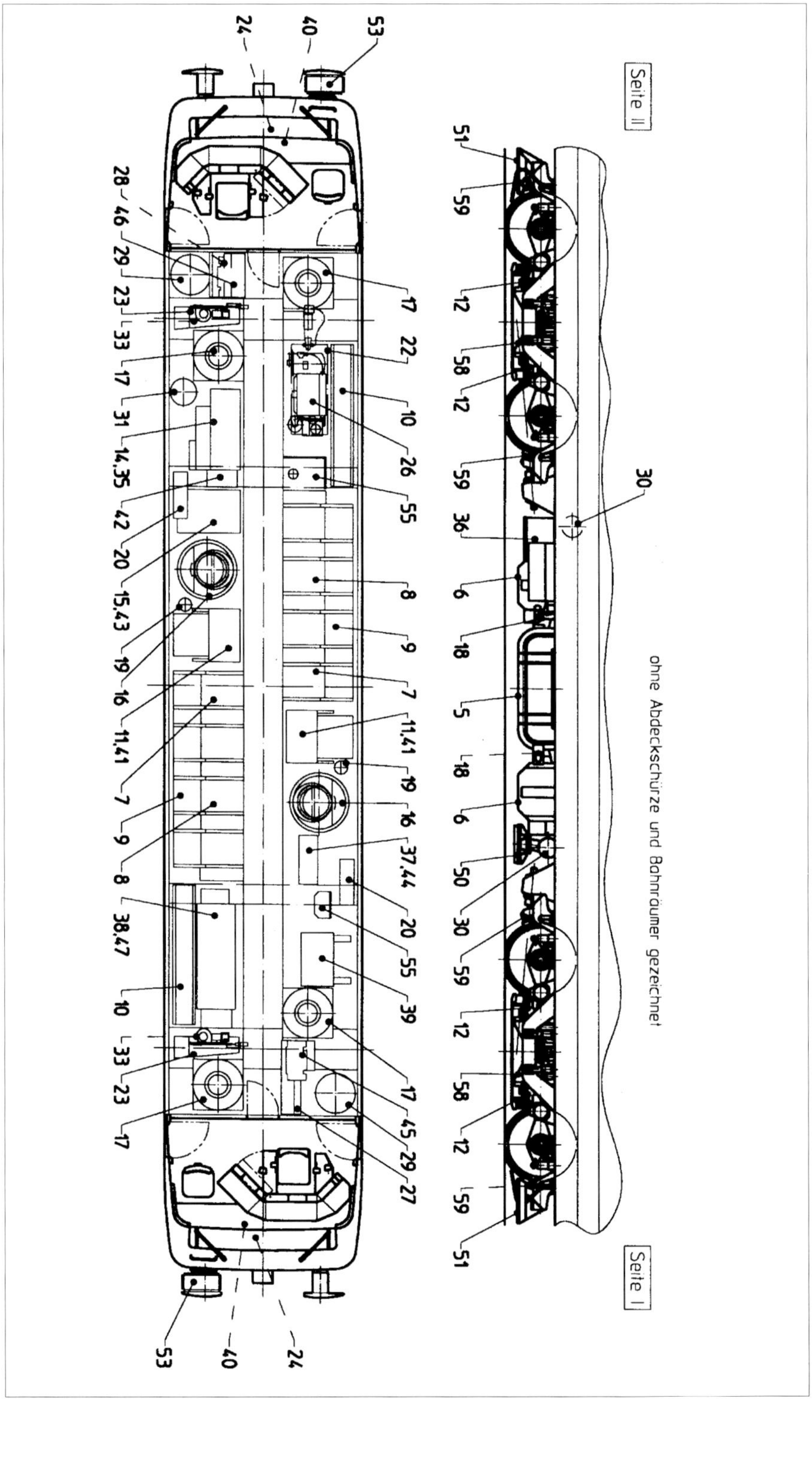

Zeichnung: SLM

Erklärungen zur Schnittzeichnung
nur elektrische Komponenten

5 Transformator
6 Drosselkessel
7 Vierquadrantensteller
8 Wechselrichter
9 Zwischenkreis-Kondensatoren
10 Saugkreis-Kondensatoren
11 Hauptstrom-Apparateblock
12 Fahrmotor
14 Bordnetz-Umrichter
15 Hilfsbetriebe-Apparateblock
16 Kühlturm für Stromrichter und Transformator
17 Fahrmotor-Ventilator
18 Ölpumpe zu Transformator
19 Ölpumpe zu Stromrichter
20 Expansionsgefäss für Transformator
22 Verdichter-Verflüssiger-Aggregat der Klimaanlage
23 Druckschutzgerät
24 Luftbehandlungsgerät Klimaanlage
35 Batterie-Ladegerät
36 Batterie (Kasten)
37 Steuerstrom-Apparateblock
38 Elektronikschrank 1+2
39 Elektronikschrank 3
40 Busstation Führerraum
41 Busstation Stromrichteranlage
42 Busstation BUR
43 Busstation Hilfsbetriebeblock
44 Busstation Steuerstromblock
45 Busstation Pneumatiktafel 1 (Bremsrechner)
46 Busstation Pneumatiktafel 2
47 Busstation Elektronikschrank 1
50 Zugsicherungsmagnet (Integra)
51 Zugkoppelspule (ZUB)

Bild: ADtranz

sen, beschleunigen und bremsen Fahrzeuge mit Asynchron-Motoren in Umrichtertechnik (im Gegensatz zu früheren Triebfahrzeugen) völlig ruckfrei.

Wechselrichtersysteme und Transformator

Wie die meisten Triebfahrzeuge, die bis jetzt in Umrichtertechnik gebaut wurden, verfügen auch die Re 460 über zwei gleiche Wechselrichtersysteme der beschriebenen Art, und zwar je eines pro Drehgestell. Diese Redundanz ermöglicht es einerseits, im Falle einer Störung – wie in den „Erwartungen der SBB" gefordert – mit der halben verfügbaren Traktionsausrüstung und mit einer reduzierten Leistung weiterzufahren, andererseits schafft sie die Voraussetzungen, um die Motoren in den beiden Drehgestellen hinsichtlich Frequenz und Spannung so zu versorgen, dass die Räder das vorhandene Reibungsangebot gerade noch schleuderfrei ausnützen können, wenn die Drehgestelle auf unterschiedliche Adhäsionsverhältnisse stossen. Als Weiterentwicklung der Re 460 verfügen die Re 465 der BLS und SBB sogar über vier gleiche Wechselrichtersysteme, die es ermöglichen, nicht nur jedes Drehgestell, sondern jede einzelne Achse unabhängig von den anderen zu bedienen; auf diese Weise soll zu jedem Zeitpunkt und in jeder Situation die höchstmögliche Leistung des Triebfahrzeugs nutzbar gemacht werden.

Der für die Reduzierung der Fahrleitungsspannung benötigte Haupttransformator wurde speziell für die Versorgung der beiden Antriebseinheiten der Re 460 ausgelegt und besteht aus einem Aktivteil, der quer zur Fahrtrichtung positioniert, zweisäulig aufgebaut und

Links: Einbringen eines Elektronikschranks von oben in den Maschinenraum – Nachfolgende Doppelseite: Re 460 022-7, alias TCS-Werbelokomotive, mit InterCity in der Westschweiz.

touring club
suisse schweiz svizzero
460 022-7
SBB CFF FFS

Rechts: Der Umrichterblock für den Antrieb eines Drehgestells ist zum Einbau bereit – Unten: Stirnfront-Disposition mit Haupt- und Speiseluftleitung, ep-Bremssteuerleitung sowie UIC-Vielfachleitung.

mit vier symmetrischen, untereinander entkoppelten Traktions-Sekundärwicklungen versehen ist. Neben diesen gibt es drei weitere, separate Sekundärwicklungen, eine zur Speisung der Zugsammelschiene, eine für die Bordnetzumrichter und eine für die Hilfsbetriebe. Um Gewicht einzusparen und die magnetischen Streufelder zu dämpfen,

die sich störend auf die ortsfesten Anlagen auswirken können, wurde der Transformatorkessel ganz aus Aluminium hergestellt.

Neben dem Transformatorkessel stehen noch zwei weitere Aluminium-Kessel für die beiden Saugkreisdrosseln sowie die beiden Doppeldrosseln für die Bordnetzumrichter. Alle Aktivteile in den drei Kesseln werden in einem gemeinsamen Ölkreislauf mit Transformatorenöl gekühlt. Die ganze Baugruppe, die neben den Kesseln noch aus den Ölpumpen, den Ölkühlern und den Verrohrungen besteht, weist ein Gewicht von 12,4 t auf, wobei etwa 1,6 t auf das Öl entfallen. Übrigens werden durch den Haupttransformator auch die Heizungen der Fenster und Rückspiegel, der Permanent-Schienenbremse sowie der Klimaanlagen für die beiden Führerstände der Lokomotive Re 460 gespeist.

Bilder: Foto-Service SBB (Seiten 48/49), ADtranz (oben), Roger Haueter (unten)

Ein durchdachtes elektrisches Konzept

Die Fahrmotoren der Lok 2000 ähneln denen der S-Bahn-Lokomotiven (Baureihe Re 450) sowie denen der Re 4/4 91 – 96 der Bodensee – Toggenburg-Bahn (BT) und der Re 4/4 46 – 47 der Sihltal – Zürich – Uetliberg-Bahn (SZU), entsprechen aber in der Nennleistung sowie der Konstruktion dem Pflichtenheft der Re 460, was man zusammenfassen könnte mit: möglichst hohe Leistungsfähigkeit bei möglichst geringem Gewicht im Drehgestell. Aufgrund ihrer Lage im Drehgestell müssen die Motoren äusserst robust sein, denn sie sind harten Stössen und Vibrationen, bisweilen starker Feuchtigkeit, Schnee und Frost im Winter sowie dem durch die Sonneneinstrahlung stark erhitzten Schotter im Sommer ausgesetzt. Dass die Asynchron-Fahrmotoren den Anfahrstrom sogar im Stillstand ohne Beschädigungen aushalten, zeigt ihre technische Robustheit. Deshalb ist es durchaus realistisch, wenn das Pflichtenheft vorsieht, dass an den Motoren in einem Intervall von 0,8 Mio. Kilometern keine Unterhaltsarbeiten nötig sein sollten. Bei einer Revision R1 werden sie jedoch zerlegt, gereinigt, die Lager neu geschmiert, sofern diese nicht ganz ersetzt werden müssen. Und so erfordern die hochtourig beanspruchten Wälzlager den grössten Arbeitsaufwand beim Unterhalt.

Wie bei den S-Bahn-Lokomotiven Re 450 werden die Hilfsbetriebe auch bei den Re 460 mit Asynchron-Motoren betrieben; dabei dienen vier baugleiche statische Bordnetzumrichter (BUR), die unmittelbar an die Hilfsbetriebewicklung des Transformators mit einer Spannung von 804 V angeschlossen sind, als Drehstrom-Energiequellen. Durch die Aufteilung der Leistung auf vier Energiequellen und durch die Möglichkeit des Umschaltens wird die schon erwähnte drehgestellweise Redundanz erreicht, die auch bei Störungen das Weiterfahren (mit reduzierter Leistung) ermöglicht. Die Aufteilung sieht wie folgt aus: BUR 1 und 3 liefern für je zwei Fahrmotoren und einen Ölkühler-Ventilatormotor die Energie mit variabler Spannung und Frequenz; BUR 2 speist den Kompressor-Motor gleichfalls mit variabler Spannung und Frequenz; BUR 4 stellt den beiden Transformator- und den beiden Traktionsumrichter-Ölumwälzpumpen, den Klimaanlagen für die Führerstände und dem Batterie-Ladegerät die benötigte Energie zur Verfügung. Fällt nun beispielsweise BUR 2 aus, erfolgt eine Umschaltung der Kompressorgruppe auf BUR 1 oder 3, wobei allerdings die Ventilation und die Kühlung des betreffenden Drehgestells abgeschaltet werden, so dass man das ganze Drehgestell ausschalten muss. Trotzdem kann die Lok mit nur einem eingeschalteten Drehgestell weiterfahren. Dieser Um- und Abschaltvorgang erfolgt vollautomatisch durch das Fahrzeug-Leitgerät.

Da es sich bei der Re 460 um eine Universallokomotive handelt, besitzt sie zwei Pantographen, so dass bei Doppeltraktion niemals benachbarte Stromabnehmer angehoben werden müssen; bei allen anderen Triebfahrzeugen mit zwei Pantographen wird dies gleich gehandhabt. Das Projekt „Bahn 2000" sieht die Zusammenführung von Flügelzügen in Vielfachsteuerung vor, wobei die Loks an beliebiger Stelle in der Gesamtkomposition stehen können. Dies kann aber durch aerodynamische Einflüsse zu schwierigen Situationen bei der Stromabnahme führen, vor

Die Hauptdaten der wichtigsten Informatik-Systeme der Re 460

Traktionsleitsystem

Hersteller	ADtranz (ABB) Schweiz
Typ	MICAS-S2
Ausrüstung	8 Etagen 6U, 11 Etagen 3U
Rechner	Einkartenrechner (EKR-2, RP-2) für übergeordnete Steuerfunktionen – Prozessor Intel 80 C 186, 80 C 196 Controller für prozessnahe Steuerung Schnittstellen Fahrzeugbus und RS 232
Peripherie: Ein-/Ausgabe binär	502 Kanäle
Peripherie: Ein-/Ausgabe analog	61 Kanäle

Diagnosesystem

Hersteller	ADtranz (ABB) Schweiz
Typ	MICAS-S2
Ausrüstung	2 Prints 6U, 2 Bildschirme mit Tastatur
Rechner	Einkartenrechner (EKR-2, PR-2) für Aufbereitung und Darstellung der Diagnose-Meldungen – Prozessor Intel 80 C 186, 80 C 196 Verarbeitung ereignisgesteuert Nichtflüchtiger Speicher für 2500 Fehlermeldungen Schnittstellen Fahrzeugbus und RS 232
Bildschirm	640 x 400 Punkte
Tastatur	22 Tasten

Zugbus

Hersteller	ADtranz (ABB) Schweiz
Typ	MICAS-S2
Ausrüstung	2 Prints 6U, Verbindungsbox
Übertragungsmedium	Draht (2 Adern), seriell
Verfahren	Frequency Shift Keying
Frequenzbereich	60...200 kHz
Kanal A	81,5 +/- 7,5 Hz
Kanal B	164 +/- 7,5 Hz
Datenrate	9,6 kBaud pro Kanal (brutto)
Rechner	Einkartenrechner (RP-2) – Prozessor Intel 80 C 196 Schnittstellen Zugbus, Fahrzeugbus und RS 232

Fahrzeugbus

Hersteller	ADtranz (ABB) Schweiz
Typ	MICAS-S2
Ausrüstung	13 Prints 6U, 12 Prints 3U (verteilt auf die verschiedenen Busstationen)
Übertragungsmedium	Lichtwellenleiter (2 Adern), seriell
Datenrate	1,5 MBaud (brutto)
Rechner	Einkartenrechner (EKR-2), Prozessor Intel 80 C 186 Schnittstellen Fahrzeugbus und RS 232

allem bei hohen Geschwindigkeiten und in Tunneln. Deshalb haben die SBB für die Lok 2000 einen neuen Stromabnehmertyp ausgewählt, eine Einholm-Konstruktion, die von der Firma Schunk Bahntechnik in Salzburg speziell für schnell fahrende Lokomotiven entwickelt worden war. Die Schleifstücke sind einzeln abgefedert, und der Stromabnehmer wird mit einer pneumatisch geregelten Kraft an die Fahrleitung gedrückt, so dass die Beanspruchung der Fahrdrähte möglich gering ist. Ausserdem erfasst eine pneumatische Umbruchsicherung Beschädigungen von Schleifstücken und Endhörnern, und im Schadensfall wird der Stromabnehmer sofort gesenkt. Dieser Typ von Pantograph wurde seit 1987 bei den Re 4/4 IV und später bei den S-Bahn-Lokomotiven Re 450 erprobt.

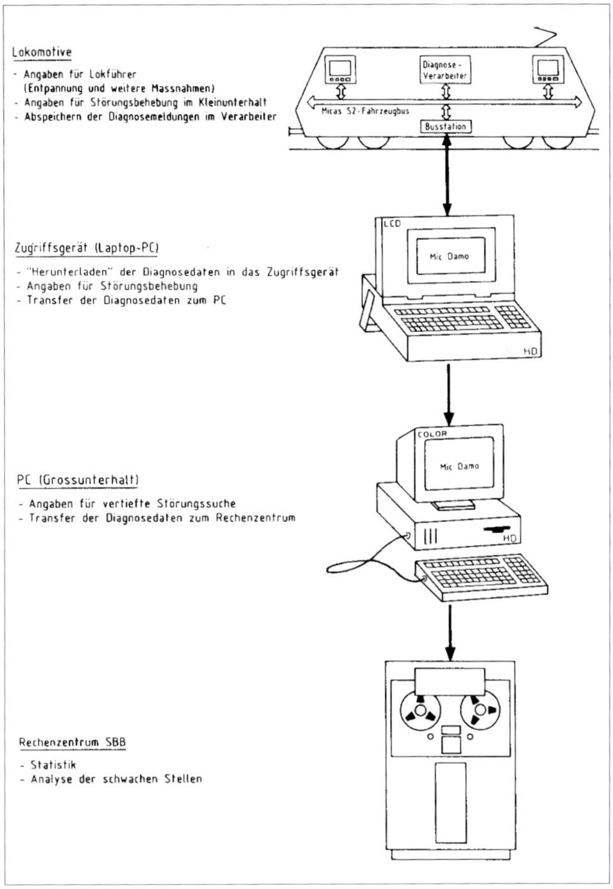

Diagnose und Datentransfer fliessen vom Rechner der Lokomotive über ein Notebook und den stationären PC in das Rechenzentrum der SBB

Zeichnung: ADtranz

Zentrales Nervensystem

Neben den Drehgestellen (mit radial einstellbaren Achsen) und den Asynchron-Motoren (in Umrichtertechnik) hat auch die Leitelektronik, das „zentrale Nervensystem" einer Lok, bei der Baureihe Re 460 einen grossen Entwicklungsschritt gemacht. Sie besteht nämlich erstmals nur noch aus Mikrorechnern, die durch ein Datenübertragungsnetz, den sogenannten „Fahrzeugbus" miteinander verbunden sind, so dass sämtliche Steuerfunktionen der Lok 2000 ausschliesslich softwaremässig realisiert werden. Da der Fahrzeugbus mit Lichtwellenleitern als Übertragungsmedium arbeitet, ist er gegen elektromagnetische Störfelder unempfindlich, weist eine Kapazität von 256 angeschlossenen Rechnern oder „Geräteadressen" sowie eine Brutto-Datenrate von 1,5 Mbit/s und eine Nutzdatenrate bis zu 1,1 Mbit/s auf und kann „Telegramme" an alle Empfänger gleichzeitig übermitteln, wobei er durch den sogenannten „Busverwalter" gesteuert wird. Auf diese Weise ist jederzeit eine grosse Menge an Betriebsdaten verfügbar, die bei eventuellen Störungen eine umfassende Diagnose ermöglicht. Aus Gründen der Sicherheit und der Verfügbarkeit gibt es zwei Busverwalter, die sich in ihrer Funktion abwechseln. Der jeweils aktive Busverwalter fragt nach einem vorprogrammierten Zyklus die sogenannten „Busstationen" ab und regelt so den Telegrammverkehr auf dem Bus. Als „Busstationen" bezeichnet man die Schnittstellen zwischen dem Bus als Kommunikationsnetz und den verschiedenen Gerätegruppen. Die Bus-

Vielfachsteuerung (oben) ist nicht mit Lokomotiven älterer Bauart möglich. Die Datenübertragung im Zugverband erfolgt über die ep-Zugbusleitung (rechts).

stationen wirken zugleich als Leitebene für die lokalen Kommunikationsprozesse innerhalb der Gerätegruppen. Wird eine Busstation vom Busverwalter abgefragt, gibt sie als Antwort ihr Datentelegramm ab; ist das abgegebene Telegramm für eine andere Busstation wichtig, nimmt diese die Daten sofort auf und verarbeitet sie weiter. Ausserdem werden alle Telegramme im Diagnosesystem verarbeitet.

Während bei älteren Triebfahrzeugen mit traditioneller Verkabelung die ein-

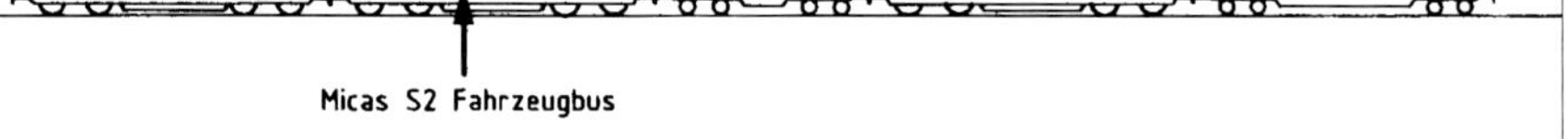

Datenübertragung		ZMS - Koppler
in der Lokomotive	zwischen den Lokomotiven	
-Micas S2 Fahrzeugbus -Binäre Codierung -Bruttodatenrate: ca. 1,5 Mbit/sec	-Zugbus (EP-Leitung) -Zeit Multiplex-Steuerung -Bruttodatenrate: ca. 9,5 kbit/sec	Kopplung zwischen Micas S2 Fahrzeugbus und Zugbus, bestehend aus Modulator, Demodulator und Datenpuffer.

Bild: Foto-Service SBB – Zeichnung: ADtranz

zelnen Apparate über elektrische Leitungen gesteuert werden, sind bei der Re 460 die Steuerfunktionen softwaremässig gelöst, und zwar in einer hierarchisch aufgebauten Struktur der Leittechnik. Während die bereits erwähnten Busstationen untergeordnete Funktionen selbständig ausführen, übernimmt das sogenannte „Fahrzeugleitgerät" die übergeordneten Funktionen, zu denen das „Auf- und Abrüsten" der Lok mit der „Parkstellung" als separater Funktion, die Regelung der Fahrgeschwindigkeit, die Bildung des Zug- und Bremskraft-Vorgabewertes, die Aufteilung der Bremskraft auf die elektrischen, die Klotz- und die Magnetschienenbremsen, die Verarbeitung der auf den Bremstafeln erfassten Bremsdrücke, die Verarbeitung des von der Geschwindigkeits-Messanlage abgegebenen Ist-Wertes, die Sicherheitssteuerung und die Wachsamkeitskontrolle, die Vorgaben für die Hilfsbetriebesteuerung sowie die Überwachung verschiedener Grenzwerte zählen.

Wie bei anderen Systemen ist auch bei der Leittechnik eine Redundanz von zwei Fahrzeugleitgeräten vorhanden: Im Normalfall gibt Gerät 1 seine Informationen an den Fahrzeugbus ab, während Gerät 2 nur bei einer Störung automatisch an die Stelle von Gerät 1 tritt.

Sparsame Unterhaltskosten (oben) sowie Einsetzbarkeit im modernsten Rollmaterialverband (Mitte) zeichnen die Lok 2000 aus.

Bilder: Hans-Bernhard Schönborn (oben), Roger Haueter (unten)

Zugbus

Neben dem Fahrzeugbus gibt es auch noch den Zugbus 1 über die ep-Leitung und den Zugbus 2 über die UIC-Leitung. Da Zugbus 1 und 2 konventionelle Kupferleiter benutzen, ist die Datenübertragung erheblich langsamer als beim Fahrzeugbus: Beim Zugbus 1 beträgt die Telegrafiergeschwindigkeit etwa 10 kbit/s, was zwar rund 150mal weniger als beim Fahrzeugbus ist, aber für Kommunikation von bis zu vier Fahrzeugen in Vielfachsteuerung völlig ausreicht. Bei Vielfachsteuerung fungiert das Fahrzeug mit dem besetzten Führerstand als „Master-Einheit", deren Fahrzeugleitgerät verarbeitet die Daten der eigenen sowie der ferngesteuerten Lokomotive(n). Zwischen dem Fahrzeug- und dem Zugbus ist auf jeder Lok der Buskoppler (mit Zugbus-Verwalter, Modulator- und Demodulatorstufen sowie Zwischenspeichern für den Datenaustausch) aktiv, und der Zugbus-Verwalter der „Master-Lokomotive" steuert den Datenverkehr auf dem gesamten Zugbus 1. Auf diese Weise ist es möglich, die Zug- und Bremskräfte der ferngesteuerten Lokomotiven auch bei Vielfachsteuerung individuell zu regeln, wobei die Position der Loks im Zugverband natürlich eine Rolle spielt. Die 460er können jedoch aufgrund der neuen Leittechnik nicht mit älteren SBB-Triebfahrzeugen in Mehrfachtraktion gefahren werden.

Blick von oben in den Maschinenraum der Re 460. Die runden Kessel gehören zur Fahrmotorventilation. Dahinter befindet sich der Elektronikschrank 3 und gegenüber die Busstation mit Elektronikschrank 1.

Bild: ADtranz

Apparateanordnung und Verkabelung

Ein Teil der Apparate ist „unterflur" angebracht, z. B. die Fahrmotoren, die Batterie, der Transformator, die Drosselkessel, die Ölpumpe für den Transformator, ausserdem zwei Vorratsluftbehälter mit je 150 l Inhalt, die Integra-Zugsicherungsmagnete, die Zugkoppelspulen des Zugüberwachungssystems ZUB 121 und natürlich sämtliche Bremsen. Die anderen Apparate befinden sich im Maschinenraum, der in seinem Aufbau stark demjenigen der S-Bahn-Loks Re 450 ähnelt. Die Verkabelung des Leistungsteils befindet sich unter dem Mittelgangboden, und – aus elektromagnetischen Gründen getrennt davon – wurden die übrigen Steuerstromkabel zusammen mit den Lichtwellenleiter-Verbindungen des Fahrzeugbusses in Kanälen unter dem Dach des Maschinenraumes untergebracht. Der Mittelgang dient nicht nur als Zugang für den Unterhalt, sondern auch als Fluchtweg für den Lokführer. Rechts und links von diesem Mittelgang sind alle Apparate, die doppelt oder vierfach vorkommen, punktsymmetrisch angeordnet, beispielsweise die Umrichterblöcke, die Kühltürme für die Umrichter und den Transformator oder die Ventilation für die Motoren. Die restlichen Baugruppen, z.B. der Kompressor oder die Pneumatiktafeln, wurden so verteilt, dass die Masse auf beiden Seiten des Ganges völlig ausgewogen ist.

5. Führerkabine

Bild: Foto-Service SBB

Erstmals in der Geschichte des Schweizerischen Lokomotivbaus wurde bei der Lok 2000 in grösserem Masse Kunststoff für den Lokomotivkasten, besonders für die Führerkabinen verwendet. Dafür waren drei Aspekte ausschlaggebend: die Gewichtsersparnis, das moderne Design und damit verbunden die Aerodynamik.

Lokomotivköpfe aus Kunststoff

Bei Triebfahrzeugen, die mit hohen Geschwindigkeiten verkehren, haben die aerodynamischen Gegebenheiten nicht nur einen Einfluss auf den Energieverbrauch, sondern vor allem auch auf die Sicherheit von Mensch und Maschine. Deshalb müssen für die Gestaltung des Lokomotivkastens andere Formen gefunden werden als die kantigen oder höchstens zylindrischen, die die älteren, aus dem Blickwinkel des Metallbaus gestalteten Fahrzeuge aufweisen. Die von dem italienischen Designer Pininfarina vorgeschlagene sphärische Formgebung mit einer dreidimensionalen Oberflächenkrümmung kann in Metallbauweise nur mit einem unverhältnismässig grossem Aufwand hergestellt werden. Ein allfälliger Einsatz von Presswerkzeugen wäre – im Gegensatz zur Automobil-Industrie – aufgrund der geringen Stückzahl in der Eisenbahn-Industrie viel zu unwirtschaftlich. Ausserdem müssen die Lokomotiv-

Die Führerkabinen der Re 460 wurden druckfest konstruiert, um die Druckschwankungen bei Kreuzungen und in Tunnels zu reduzieren.

Kompliziert ist die sphärische Kopfform der Re 460; aus Gewichts- und Konstruktions-Gründen wurde sie nicht aus Stahlblech sondern aus Kunststoff vorgefertigt und anschliessend in den Lokkasten eingesetzt.

köpfe bei den Re 460 als Druckkabinen ausgelegt werden, weil die künftigen Hochgeschwindigkeitszüge bei Begegnungen sehr komplexe und teilweise auch gefährliche Druckwellen auslösen. Druckkabinen verlangen jedoch absolut passgenaue Scheiben, Türen, Luken und andere Einbauteile, was wiederum eine ganz exakte Reproduzierbarkeit der Kabinengeometrie voraussetzt. Eine solche Reproduzierbarkeit ist aber im Metallbau, vielleicht noch bei Handarbeit kaum und dann nur mit sehr grossem Aufwand und den

Bilder: SLM (SLM)

Verwendete Materialien beim Bau der Re 460

Lokomotivteile	Material
Drehgestellrahmen	St-52-3 Bleche, geschweisst, Kopfteile aus Stahlrohren
Bodenrahmen und Stossbalken	mit Kupfer legiertes Stahlblech, geschweisst
Aufbauten für Kastenabstützung	mit Kupfer legiertes Stahlblech, geschweisst
Seitenwände	mit Kupfer legiertes Stahlblech, geschweisst und gesickt
Führerkabine	Glasfaserverstärkter Kunststoff (GFK) in Sandwichbauweise
Maschinenraumdach	Aluminium
Stromabnehmer-Abdeckhauben und andere Dachteile	Glasfaserverstärkter Kunststoff (GFK) in Sandwichbauweise

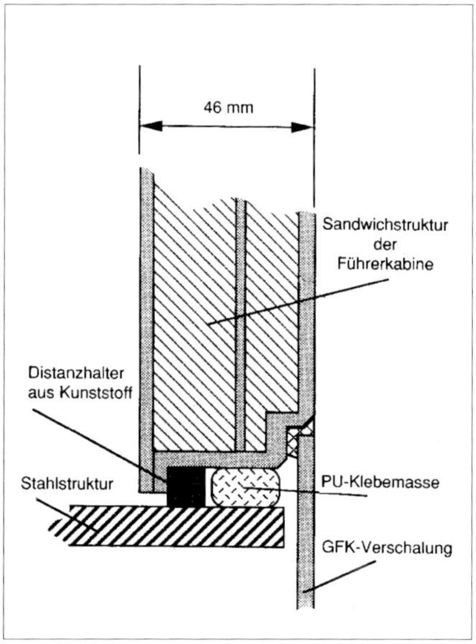

Hohe Anforderungen werden an die Verbindungen zwischen Kunststoff- und Stahlteilen gestellt. Die Zeichnung links zeigt die schematische Verklebung – auf dem Foto rechts erkennt man die Übergänge der aufgesetzten Führerkabine.

entsprechend hohen Kosten zu realisieren. Deshalb entschied man sich dafür, die Lokköpfe aus glasfaserverstärktem Kunststoff herzustellen, was die angesprochenen Probleme löste.

Um die erforderliche Steifigkeit bei den zu erwartenden grossen Druckschwankungen, die Durchschlagsfestigkeit gegen auftreffende Gegenstände und die nötige Wärme- und Schallisolation zu erreichen, kam nur eine Sandwich-Konstruktion in Frage, die aus einer äusseren und einer inneren Deckschicht (5 bzw. 4 mm Dicke), zwei Lagen Kernmaterial (mit 15 bzw. 20 mm Stärke) und einer Fangschicht (von 2 mm Dicke) in der Mitte besteht. Das Flächengewicht dieser insgesamt 46 mm dicken Sandwich-Struktur entspricht ungefähr demjenigen einer 2 mm starken Stahlblechhaut. Ein Stahlgerippe kann aufgrund der Festigkeit der Sandwich-Konstruktion entfallen, so dass sich pro Lok etwa 1 t Gewicht einsparen lässt.

Die beiden Deckschichten bestehen aus glasfaserverstärktem, modifiziertem Polyesterharz. Das Kernmaterial, ein zähelastischer und zerrüttungsfester unver-

Bilder: SLM (links), Ronald Gohl (rechts)

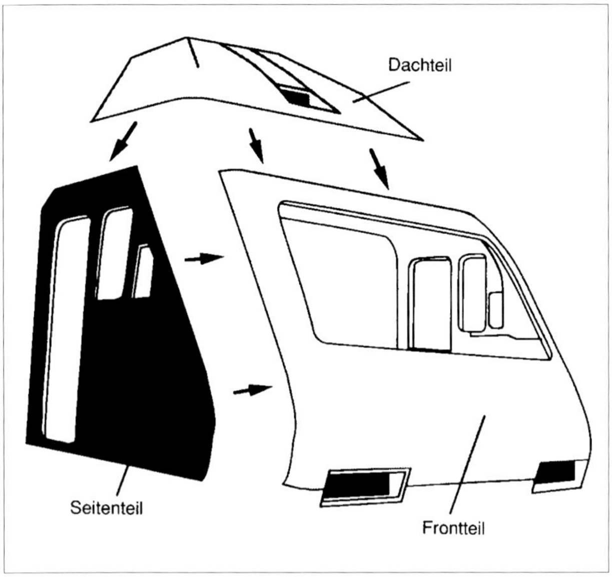

netzter PVC-Schaum, wirkt sich günstig bei den Dehnungen aus, die aufgrund der bisweilen hohen Unterschiede zwischen Innen- und Aussentemperatur zu erwarten sind; wegen des teilweise dunklen Aussenanstrichs der Lokomotiven kann es nämlich bei starker Sonneneinstrahlung zu Temperaturunterschieden bis zu 80° kommen. Und die faserverstärkte Fangschicht erhöht die Durchschlagsfestigkeit der Konstruktion erheblich. So widerstehen die Kabinenwände (und die Frontscheibe) einer Aluminiumkugel von einem Kilogramm Gewicht, die mit einer Geschwindigkeit von 400 km/h auftrifft. Auch hinsichtlich des Energieaufnahmevermögens im Crash-Fall erweist sich die Sandwich-

Oben: Vier Teile werden für die Fertigung einer Führerkabine der Lok 2000 benötigt: zwei Seitenteile, das Front- sowie Dachteil. Rechts: Die sphärische Kopfform der Re 460 garantiert nicht nur ein gefälliges Design, sondern auch ausgezeichnete aerodynamische Eigenschaften.

Bilder: Saurer (oben), Beat Bruhin (unten)

Konstruktion als gleich gut wie eine entsprechende Stahlbau-Konstruktion. Nur im Brandfall ist Kunststoff als organische Verbindung bekanntlich leichter brennbar, und so mussten brandhemmende Zusatzstoffe beigemischt werden, um wenigstens die Brennbarkeitsklasse „schwer brennbar" zu erreichen. Der Glas-Polyester-Aufbau der verschiedenen Schichten ist also recht kostengünstig, hat eine lange Lebensdauer und bietet kaum Probleme bei der Herstellung oder Reparatur; beim Modell- bzw. Formenbau muss jedoch dem grossen Schwundmass dieses Werkstoffes Beachtung geschenkt werden.

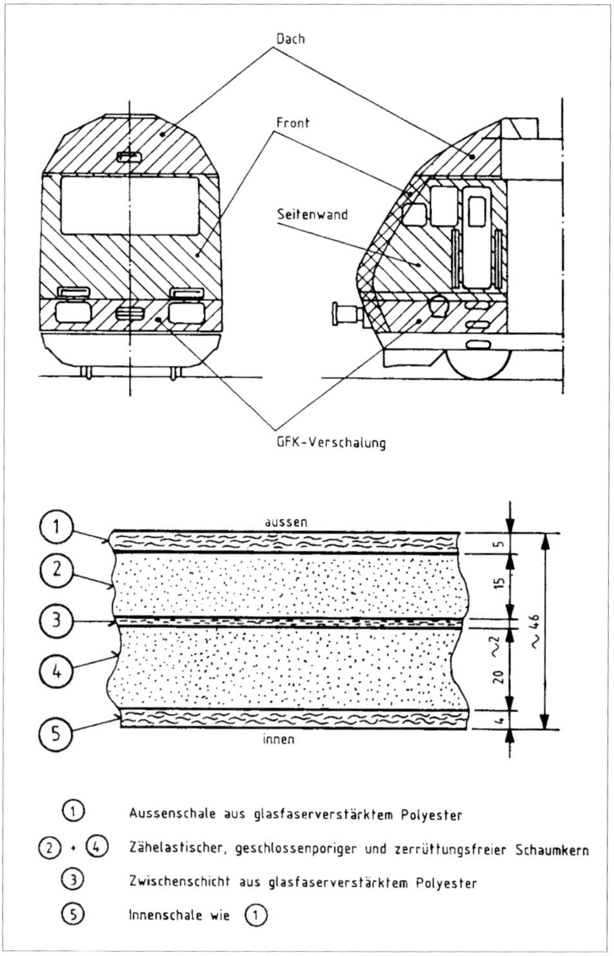

Das Bild oben zeigt die Struktur der aus Glasfaserverstärktem Kunststoff (GFK) gefertigten Führerkabine.

Bild: SLM/Saurer

Klebeverbindungen

Da die Führerkabine etwa drei Meter lang, breit und hoch ist, besteht sie aus vier Einzelteilen, nämlich der Front, dem Dach und zwei Seitenwänden, was wiederum Vorteile bei der Herstellung und Lagerung ergibt. Die Einzelteile werden mit einer strukturellen Klebeverbindung zusammengefügt, die zwischen den Teilen aus einer Epoxydharzverklebung und an der Aussenseite aus einer Gewebebandverklebung besteht. Auch die Verbindung von Kunststoffkabine und Stahlkasten, die hohen betrieblichen und physikalischen Belastungen ausgesetzt ist und zudem noch Fertigungstoleranzen bis zu 5 mm überbrücken muss, wurde mittels einer elastischen Klebemasse hergestellt. Um die Klebeverbindungen auch längerfristig ohne Schwierigkeiten überprüfen zu können, werden zusammen mit der Verklebung der Kabinen sechs „Klebeproben" ausgeführt, von denen eine gleich nach der Verklebung untersucht wird, während die anderen an exponierten Stellen des Fahrzeugs alle witterungs- und betriebsbedingten Einflüsse miterleben und in regelmässigen Abständen auf ihren Zustand untersucht werden. Dadurch sind jederzeit Rückschlüsse auf die eigentlichen Klebeverbindungen möglich.

Im Betriebsalltag hat sich auch gezeigt, dass die sphärische Kopfpartien recht schmutzanfällig sind, ja aufgrund der Aerodynamik den Schmutz beinahe „anziehen". Deshalb mussten bei etlichen Lokomotiven die roten Stirnfronten nach relativ kurzer Betriebsdauer bereits frisch gespritzt werden. Bei den weissen oder hellen Werbeloks ist die

Bild: Ronald Gohl

In Abstimmung mit den Wünschen des Lokomotiv-Personals wurde der Führerstand der Re 460 vom Designer Emmerich Horvath von Grund auf neu erdacht.

Verschmutzung leider noch deutlicher sichtbar.

Design am Arbeitsplatz

Auch der Arbeitsplatz des Lokführers wurde in einem ausführlichen Evaluationsprozess neu gestaltet und entspricht den Anforderungen einer modernen Ergonomie: Die Bedienungs- und Anzeige-Elemente für das Fahren sowie die elektrische Bremse befinden sich auf der rechten Seite, die Bedienungs- und Anzeige-Elemente für die pneumatische Bremse links und die Geschwindigkeitsanzeige in der Mitte des Blickfelds. Für die Gestaltung der Bedienungs- und Anzeigeflächen waren aber nicht nur funktionale, sondern ebenfalls designerische Aspekte wichtig, weil ja ursprünglich die Initiative des Designers Pininfarina die Neugestaltung auch des Führerstands-Inneren ausgelöst hatte; was von Emmerich Horvath realisiert wurde. Der Arbeitsplatz des Lokführers wurde bestmöglich auf die Verhältnisse bei den Schweizer Bahnen abgestimmt, entspricht aber nicht ganz den UIC-Normen, weil er vornehmlich für die sitzende Bedienung gestaltet ist und eine stehende Bedienung nur behelfsmässig zulässt.

Das eigentliche Führerpult besteht aus fünf Konsolen, von denen jede eine selbständige Vormontage-Einheit ist. Die obere Front aus drei Konsolen befindet sich im unteren Blickfeld des Lokführers und weist u.a. folgende Instrumente auf: Sprechverbindung mit der Betriebsleitzentrale, Bedienung für Funk und ZUB auf der linken Konsole; Anzeigen für Haupt- und Speiseleitungs- sowie Bremszylinderdruck, Leuchtdrucktasten für Bremsprobe und Feststellbremse, Dienstfahrplanhalter, Geschwindigkeits- sowie Zug- und Bremskraftanzeige mit Ist- und Soll-Werten, Anzeige der Fahrleitungsspannung, Leuchtdrucktasten für Türfreigabe und -verriegelung, verschiedene Meldelampen auf der mittleren Konsole; Steuerschalter und Leuchtdrucktasten für Scheibenwischer, Scheibenheizung, Klimaanlage u.ä., Diagnosedisplay mit Tastatur, Leuchtdrucktasten für Zugsammelschiene, Stromabnehmer, „Parkstellung", Beleuchtung der Stirnlampen, des Führerraumes und des Zuges sowie Haupt-, Inbetriebsetzungs- und Fahrtrichtungsschalter auf der rechten Konsole. Rechts neben dem Lokführer befinden sich auf einer schwenkbaren Konsole die bereits erwähnten Bedienungselemente zur Eingabe der Soll-Geschwindigkeit, der Zug- und Bremskraft.

Diese Konsole wurde beweglich ausgeführt, damit der Lokführer eine ihm zusagende Position wählen kann, damit aber vor allem bei einem sich anbahnenden Aufprall der Fluchtweg so leicht wie möglich geöffnet werden kann. Deshalb wird auch durch diesen Bedienungsteil automatisch und ohne Verzögerung eine Schnellbremsung ausgelöst, wenn beim Wegdrehen dieser Konsole der halbe Ausschwenkwinkel überschritten wird. Da die Konsole mit den „pneumatischen" Elementen, die links neben dem Sitz des Lokführers angebracht ist, keinen Fluchtweg versperrt, kann sie nicht bewegt werden.

Lokomotivkabine mit Klimaanlage

Die Frontfenster bei der Re 460 und Re 465 sind sehr gross und stark geneigt, deshalb erschien es sinnvoll, wie bei den Führerständen der S-Bahn-Fahr-

Der Arbeitsplatz des Lokführers entspricht auf der Re 460 den Anforderungen des nächsten Jahrtausends, das in die Technologie einer Lokomotive ganz andere Erwartungen stellt.

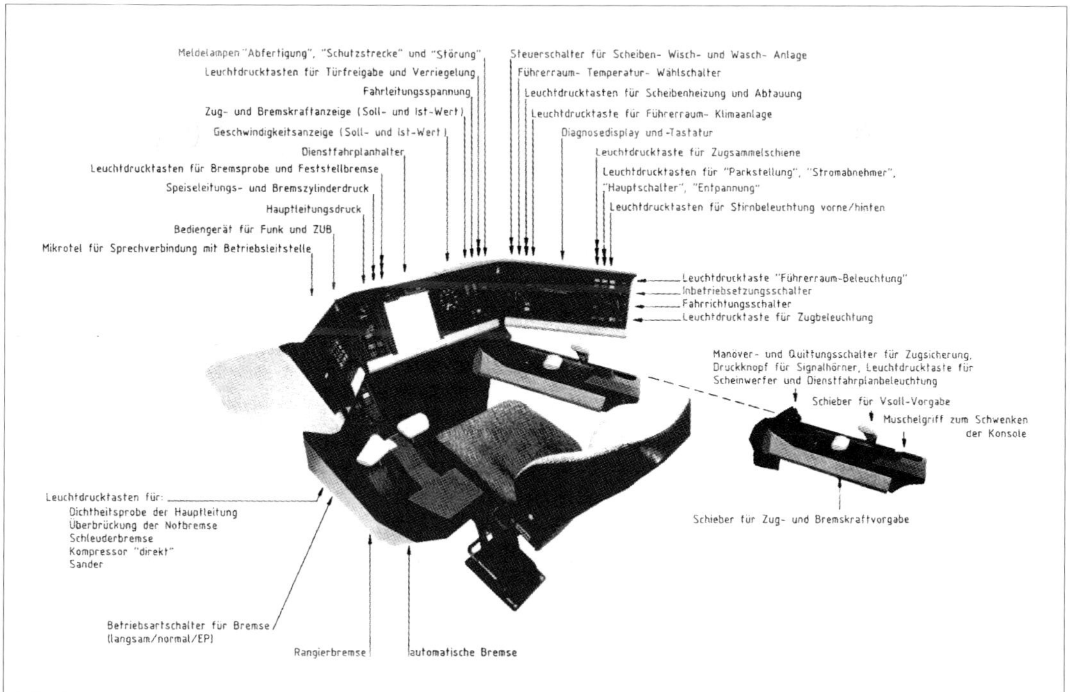

Bild: SLM/SBB

Instrumente und Fahrschalter sind auf der Re 460 anders als auf herkömmlichen Lokomotiven. Rechts im Bild das Diagnosedisplay sowie verschiedene Leuchtdrucktasten – Unten: Rangier- (links) und automatische Bremse (rechts)

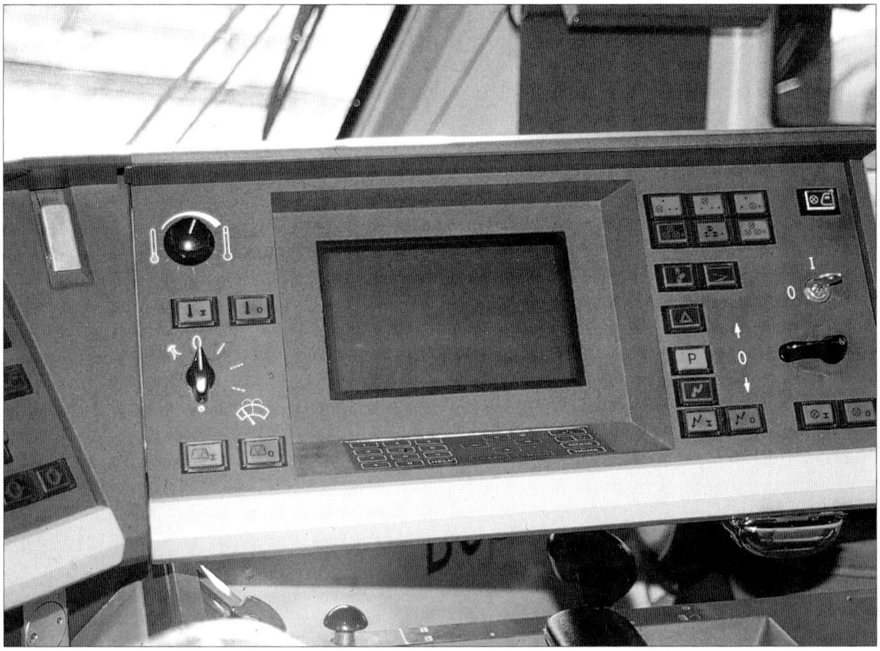

zeuge eine Klimatisierung der Kabinen vorzunehmen; damit wurde auch einem grossen Anliegen des Lokpersonals entsprochen, das sich immer wieder berechtigterweise über die bei Sonneneinstrahlung unangenehm hohen Temperaturen in den Führerständen der älteren Fahrzeuge beklagt hatte. Wegen der zu erwartenden starken Druckschwankungen bei Zugsbegegnungen mit hohen Geschwindigkeiten musste die Klimaanlage bei den Lok 2000 ausserdem noch druckdicht sein, was man mit je einer zusätzlichen Hochdruck-Zu- und Abluftventilatorgruppe pro Führerstand erreichte. Gleichzeitig regeln diese sogenannten „Druckschutzgeräte" den Lufthaushalt im Führerraum, wobei die Frischluft dem Dachraum entnommen sowie die Abluft dorthin zurückgeleitet wird. Durch die Klimaanlage wird in der Führerkabine eine Luftwalze erzeugt, die zwar für einen raschen Austausch der Luft sorgt, aber nur geringe Luftbewegungen am Arbeitsplatz des Lokomotivführers be-

Bilder: Roger Haueter (2)

Oben: Die sphärische Kopfform der Re 460, im Bild die beiden SBB-Werbeloks 035 und 036, neigt gerne zu Verschmutzung – Unten: Angenehmer Arbeitsplatz auch im Winter, druckdicht und zugluftfrei.

Bilder: Foto-Service SBB (2)

wirkt, so dass die unangenehme Erscheinung von einem Luftzug vermieden wird. Neben dem besetzten wird auch immer der unbesetzte Führerstand klimatisiert, damit bei einem Führerstandswechsel von Anfang an ein angenehmes Klima herrscht.

Lokführer, welche die sommerlichen „Zustände" auf den Re 4/4 II+III, die wie die meisten Loks nicht mit Klimaanlagen ausgerüstet sind, kennen, werden gerade auf der Nord-Süd-Achse umso mehr das Vorhandensein eines klimatisierten Führerraums in der Lok 2000 schätzen. So kann sich eine Lok, die in der Tessiner Sommersonne steht, trotz gezogener Sonnenstoren auf bis zu 50°C aufheizen. Wer in einer solchen Maschine seinen Dienst antreten muss, hat es besonders nötig, einen kühlen Kopf zu bewahren.

Re 460 und IC-Doppelstöcker bilden seit dem Fahrplanwechsel eine Pendelzugeinheit. Die Führerkabine im Steuerwagen ist mit jener in der Lokomotive identisch. Doppelstockzüge verkehren mehrmals täglich zwischen St. Gallen und Interlaken-Ost. Im Bild: die vielbestaunte Jubiläumslok Re 460 084-7 in St. Gallen.

Bild: Ronald Gohl

EINSATZ 3

Oben: Wegen des Nazi-Raubgoldes wurde die 97er-Jubiläumslok nicht gold, sondern chrome.
Nächste Seite: Die Lokomotive Re 460 036-7 wirbt in SBB-eigener Sache.

Bilder: Foto-Service SBB (Seite 67), Joël Bessard (Seite 68)

2000
460 036-7

6. Starke Lok mit grosser Zukunft

Ihren ersten öffentlichen Auftritt hatte eine Vertreterin der Baureihe Re 460, die anfangs noch Re 4/4 460 hiess, anlässlich der Einweihung des neuen Bahnhofes in Luzern am 5. Februar 1991; da die Re 460 000-3, deren Ablieferung für Ende Mai 1991 in Aussicht gestellt wurde, nur äusserlich vervollständigt worden war, musste sie zu den Feierlichkeiten in einem Extrazug geschleppt werden. Nachdem sich die „Geburt" der ersten Lok 2000 aufgrund der zahlreichen technischen Neuerungen mehrmals verzögert hatte, konnte die Re 460 000-3 Mitte Juni 1991 die ersten Meter auf dem Versuchsgleis des ABB-Werkes Tramont in Zürich-Oerlikon aus eigener Kraft zurücklegen. Am 15. August folgte die erste „Schnellfahrt" der Lok von Zürich nach Romanshorn, um den einwandfreien und sicheren Lauf der Maschine bei Geschwindigkeiten über 120 km/h praktisch nachzuweisen. Und eine Woche später wurde die Lok offiziell der Presse mit einer Fahrt von Bern nach Vernayaz vorgestellt. Die Inbetriebsetzungsarbeiten mit der Re 460 000-3 führte man äusserst gründlich und umfassend durch, da ja im folgenden eine Grossserie von 75 Einheiten für den Huckepack-Korridor gebaut werden sollte, ohne dass ausreichende Be-

Re 460 098-7 mit IC 325 bei St. Saphorin am Genfersee (oben), Güterzug Doppeltraktion am Lötschberg mit Halt in Thun (unten).

Bilder: Heinz Sigrist (oben), Ronald Gohl (unten)

triebserfahrungen mit den ersten Lokomotiven der Baureihe Re 460 vorlagen. Deshalb wurden gewisse Funktionen der Leitelektronik und das Verhalten der Hardware auch mit Hilfe von Rechnern simuliert.

Rollprüfstand, Bremsproben und Messfahrten

Am 30. November 1991 wurde die Re 460 002-9 als erste Lok dieser Baureihe ins Ausland gebracht, um auf dem Rollprüfstand der Deutschen Bahn AG in München-Freimann ein ausführliches Versuchsprogramm zu durchlaufen. Dabei erreichte sie mit abgekuppelten Motoren Geschwindigkeiten bis zu 300 km/h, und die Drehgestelle verhielten sich stabil. Diese äusserst positiven Ergebnisse zeigten, dass es durch den Computer möglich geworden war, die dynamischen Eigenschaften der Drehgestelle mit einer noch nicht dagewesenen Genauigkeit zu berechnen. Im Januar 1992 optimierte man dann gleichfalls auf dem Rollprüfstand die Laufgüte und den Fahrkomfort – wiederum mit Hilfe von Computern. Nachdem Lok 460 001-1 im Dezember 1991 praktische Bremsproben bis zu einer Geschwindigkeit von 160 km/h im Wallis mit Erfolg absolviert hatte, kam auch sie zu einem Auslandsaufenthalt, und zwar in der Klimakammer der Versuchsanstalt ORE (jetzt ERRI) des Internationalen Eisenbahn-Verbandes in Wien-Arsenal. Dort blieb sie in eingeschaltetem Zustand bis -40°C funktionstüchtig, gleichfalls ein hervorragendes Ergebnis. Während die beiden Loks im Februar 1992 von ihrem Auslandsaufenthalt zurückkehrten, wurde Re 460 003-7 als erste Maschine offiziell von den SBB abgenommen und dem Zugförderungsdienst des Kreises II für Instruktionsfahrten zur Verfügung gestellt; Ende März stellte man sie einem Fachausschuss der BLS vor. Im folgenden Monat kam sie dann bei Adhäsionsmessungen zum Einsatz, da sie über eine Zusatzverkabelung für Testzwecke verfügte. Lok 460 004-5 war vor ihrer Inbetriebsetzung ebenfalls im Ausland, und zwar bei der „Eurailspeed" in Brüssel.

Im Frühling 1992 wurde bei praktischen Bremsproben die Wirkung der mechanischen Bremsen bei Geschwindigkeiten bis zu 160 km/h nachgewiesen; denn die Bremswege, die vom kombinierten Einsatz der Klotzbremse und der Permanent-Magnetschienenbremsen (PMS) gefordert werden, konnten ohne Probleme unterboten werden. Allerdings zeigten sich bei der PMS verschiedene Kinderkrankheiten, während die Klotzbremsen, die mit geräuscharmen Sinterbremssohlen ausgerüstet worden waren, die Bewährungsprobe einwandfrei bestanden.

In der zweiten Juli-Hälfte 1992 begann mit den Loks 460 024-3 und 460 025-0 die Ablieferung der sogenannten „Hukkepack-Lokomotiven", die bereits ab Werk mit einer ep-Leitung für die Vielfachsteuerung ausgerüstet sind. Sie führten im August umfangreiche Testfahrten zwischen Biasca und Airolo durch und verkehrten auch in Vielfachsteuerung getrennt an der Spitze und am Ende der Versuchskomposition. Die Leistungsfähigkeit der elektrischen Anlagen stellte die Lok 460 003-7 am 10. Juni 1992 unter Beweis, als sie den ganzen IC 382 mit 60 Achsen sowie der planmässigen, aber nicht arbeitenden Re 6/6, also total 787 t, von Bellinzona aus bergwärts schleppte; auf dieser Fahrt erfüllten die elektrischen Anlagen die

Lastnorm einer sechsachsigen Re 6/6 (800 t), trotzdem war in Airolo kein Motor wärmer als 150°C. Im Juli fanden ausserdem Messungen der Spurführungskräfte mit Re 460 002-9 und dem neuen EW IV-Messwagen 21-73 199 auf der Strecke Schüpfheim – Hasle statt; zu Vergleichsmessungen wurden zwei S-Bahn-Loks (450 031 und 450 034) und eine Re 4/4 II (11251) herangezogen. Dabei zeigten sich interessante Ergebnisse: Während die seitlichen Führungskräfte und die seitlichen Gleisverschiebungskräfte aufgrund der neuartigen Konstruktion des Drehgestells trotz des höheren Gesamtgewichtes der Lokomotive (85 t statt der geplanten 81 t) weit unter den zulässigen Grenzwerten blieben, erreichten die senkrechten Radaufstandskräfte wegen des höheren Gewichtes früher als erwartet die spezifischen Grenzwerte. Trotzdem liegen die zulässigen Kurvengeschwindigkeiten der Re 460 weit über denen der älteren Loks.

Bemerkenswerte Auftritte

Obwohl zu diesem Zeitpunkt noch keine 460er im Plan-Einsatz stand, absolvierte Lok Re 460 000-3 im Herbst 1992 ihre erste grössere Vorführfahrt im Ausland, und das teilweise aus eigener Kraft. Die Fahrt führte von der Schweiz aus nach Innsbruck, Wörgl, Zell am See, Schwarzach, Tauernstrecke, Klagenfurt, Salzburg, (wo das entsprechende Modell im Massstab 1 : 87 vorgestellt wurde), München, Mittenwald, Innsbruck und dann wieder zurück in die Schweiz. Eigentlich können die 460er überall in Österreich mit eigener Kraft fahren, aber aus Rücksicht auf gewisse Sicherungsanlagen ordneten die ÖBB auf Teilstrecken den Vorspann durch eine 1044 an.

Mitte Oktober 1992 hatten die SBB zehn 460er abgenommen und konnten erste planmässige Einsätze vor Güterzügen durchführen, da nur vier Loks für Instruktionszwecke reserviert waren. Bei den Huckepack-Maschinen gab es zunächst Probleme mit dem Primärspannungswandler, und bei allen Loks kam es immer wieder zu Hauptschalter-Auslösungen, einer typischen „Kinderkrankheit"; ausserdem war die Bremssteuerung noch nicht optimal eingestellt. Deshalb verzögerte sich die Abnahme weiterer Loks ein wenig.

In der Nacht vom 9. zum 10. November 1992 absolvierten Re 460 002 und 003 eine erste Lok 2000-Rekordfahrt: Anlässlich von Fahrleitungsmessfahrten, die auch zu Tests für die künftige Ausgestaltung von Fahrleitungen auf Neubaustrecken im Rahmen des Projektes „Bahn 2000" dienten, beschleunigten die Loks den Messzug, der aus zwei Mess- und zwei Eurocity-Wagen bestand, auf der „langen Geraden" (11,5 km) zwischen Martigny und Riddes auf 200 km/h. Die Messergebnisse sowohl bei den Loks als auch bei der Fahrleitung waren zufriedenstellend. Schon seit einiger Zeit verkehrte die Re 460 002-9 nur noch mit einem eingeschalteten Drehgestell, um das andere, das mit instrumentierten Messradsätzen ausgerüstet wurde, zu schonen. Denn bei dieser Lok wurden die Rad-/Schiene-Kräfte laufend erfasst und ausgewertet. Bei der praktischen Schnellfahrt verhielten sich die Loks – wie bei den entsprechenden Versuchen auf dem Rollprüfstand – absolut stabil, so dass auch für die Maximalgeschwindigkeiten bis 230 km/h Stabilitäts- oder Komfortprobleme unwahrscheinlich erschienen.

2000
460 030-0
SBB CFF FFS

Chapelle

Am 9. November 1992 fand noch eine zweite bemerkenswerte Fahrt statt, denn Re 460 029-2 und 460 011-0 an der Spitze und Re 460 030-0 als Zwischenlok beförderten einen aus 23 Aushubwagen vom Typ Fans-u bestehenden Extrazug mit einer Anhängelast von 1987 t über die Lötschberg-Südrampe von Brig nach Frutigen. Diese Fahrt diente einerseits der Messung der Rückströme und des Oberwellenanteils darin, andererseits erfüllten die Loks problemlos das Pflichtenheft der BLS-Re 4/4 aus den Sechzigerjahren.

Bei mehreren Testfahrten wurden auch die Lärmwerte gemessen, wobei die Ergebnisse höchst erfreulich ausfielen: Das Rollgeräusch der Re 460 liegt nur geringfügig über dem der EW IV-Personenwagen, die als besonders leise bekannt sind, und der Lärmpegel im Führerstand selber beträgt 5 bis 14 dB, womit die Werte der Re 4/4 II unterschritten werden. Verschiedene Schallschutzmassnahmen führten ausserdem dazu, dass die Lärmemissionen im Stillstand gleichfalls bei sehr tiefen Werten liegen, denn sogar auf der höchsten Ventilationsstufe bleiben sie unter 65 dB und steigen nur in Ausnahmefällen auf 74 dB.

Erste Planeinsätze

Da bis Ende 1992 insgesamt 24 Loks von den SBB abgenommen worden waren, konnten planmässig sieben Dienste mit Lok 2000 geführt werden: drei im Wallis, drei im Raum Lausanne und einer über den Lötschberg. Weil im Januar 1993 im Simplontunnel bei Lok 460 001-1 wahrscheinlich wegen Eisbildung ein Kurzschluss an einer Hochspannungs-Dachdurchführung auftrat, wurden für einige Tage spezielle Touren mit Schnellzügen nur bis Brig gefahren. Lok 460 002-9 fungierte auch im Frühjahr 1993 noch als Messfahrzeug für die Typenprüfung. Ab 1993 nahmen die SBB nur noch Loks mit neuester Software inklusive Diagnose und Vielfachsteuerung ab.

Am 4. und 5. Februar 1993 führte man mit Lok 460 003-7 auf der Gotthard-Strecke Lastfahrten für Erwärmungsmessungen durch; dabei wurde auch die Form des Primärstroms aufgezeichnet. Die Ergebnisse entsprachen nicht

Ein gerngesehener Gast an Veranstaltungen während des Jubiläums „150 Jahre Schweizer Bahnen“ – die Re 460 084-7 im „Chromlook“. Ersetzt man die Null durch eine Eins, ergibt sich mit 1847 das Eröffnungsjahr der Spanisch-Brötli-Bahn.

Bilder: Beat Bruhin (links), Heinz Sigrist (Seiten 72/73)

den Anforderungen des Pflichtenheftes, weil eine Asymmetrie zwischen positiver und negativer Halbwelle und ein zu hoher Anteil von 100-Hz-Oberwellen vorlagen. Bis zur Behebung dieser Probleme, die jedoch nicht nur in der Verantwortung der Hersteller lagen, sondern auch in der an manchen Orten überlasteten SBB-Energieversorgung, wurden Fahrten in Doppeltraktion am Gotthard verboten, um die Sicherungsanlagen nicht zu beschädigen. Die Lieferanten mussten innert zwei Monaten eine Lösung für dieses Problem finden.

Auch bei den 460ern machte sich – wie bei anderen Triebfahrzeugen in früheren Jahren – der Radiosender in Prangins bei Nyon unliebsam bemerkbar, weil er Drehgestell-Abschaltungen verursachte.

Im April 1993 fanden auf der traditionellen „Versuchsstrecke" Stammheim – Ossingen, einem Abschnitt der Strecke von Stein am Rhein nach Winterthur, Adhäsionsmessfahrten zur Einstellung des Schleuderschutzes mit der Re 460 003-7 als Messlokomotive bzw. den Re 460 033-4 und 460 039-1 als Brems- oder Schiebelokomotiven statt. Sowohl der mechanische als auch der elektrische Schleuderschutz konnten so optimiert werden, dass sich die im Pflichtenheft vorgesehene Adhängelast von 650 t auf einer Steigung von 27 ‰ selbst bei schlechten Reibungsverhältnissen problemlos anfahren und beschleunigen liess. Dieses Ergebnis wurde Ende April bei entsprechenden Versuchsfahrten am Gotthard und Lötschberg bestätigt. Auch die Überprüfung der Beeinflussung von Achszählern anfangs Mai 1993 fiel positiv aus, und so stand dem planmässigen Einsatz von sechsmal zwei Re 460 in Doppeltraktion am Gotthard ab Fahrplanwechsel nichts mehr im Wege. Denn

Bild: Merisa AG

Messungen der Primär- und Rückströme bei zwei Lok 2000 auf der Strecke Lausanne – Triage – Renens hatten ergeben, dass der 100-Hz-Anteil im Hauptstrom die zulässigen Grenzwerte nicht mehr überstieg. So konnte die Vielfachsteuerung von zunächst zwei Re 460 freigegeben werden. Um genügend Maschinen für den geplanten Durchlauf der Re 460-Paare vor Güterzügen von Basel nach Chiasso zur Verfügung zu haben, wurden auf den 23. Mai 13 Huckepack-Loks mit den Betriebsnummern 460 024 – 036 dem Kreis II und damit dem Depot Bellinzona zugeteilt. Vier von diesen Loks mussten jedoch für Instruktionsfahrten der Basler, Erstfelder und Tessiner Lokführer zur Verfügung stehen, während drei Loks die technische Reserve bildeten.

Störungen mit Zugsverspätungen gab es im Frühjahr 1993 nach wie vor bisweilen wegen der Probleme mit der Permanent-Magnetschienenbremse; ausserdem erforderten die Ölverluste der Getriebe-Radkästen eine Sanierungsak-

Vorangehende Doppelseite: Bei Oron fährt der Postzug 91535, bespannt mit der Re 460 030-0, im September 1997 in Richtung Lausanne – oben: Hohe Reinigungskraft bei optimaler Schonung in der automatischen Waschanlage.

Oben: Gotthard-Güterzug mit Re 460 048-2 bei Intschi – Unten: Wegen zahlreicher Störungen mussten sich die 460er einige Zeit lang mit niedrigen Diensten im Regionalzugverkehr begnügen.

Bilder: Heinz Sigrist (oben), Dietmar Beckmann (unten)

Jung und dynamisch: Lok 2000 unter dem Motto „Wir verbinden die Schweiz“ auf der Einspurstrecke am Bielersee (oben). Auch am Neuenburgersee wird teilweise nur einspurig gefahren (unten).

Bilder: Foto-Service SBB (oben), Bernhard Kobler (unten)

Auf der schnurgeraden Strecke Martigny – Riddes im Wallis wurden immer wieder Test- und Rekordfahrten durchgeführt, so zum Beispiel mit den ersten Doppelstöcker-Prototypen

tion, von der eine Lok pro Woche betroffen war und für die von ABB eine Halle der Eidgenössischen Konstruktionswerkstätte in Thun angemietet wurde. Ausserdem mussten Änderungen im Bereich der Dachdurchführung der Dachleitung vorgenommen werden, weil es wiederholt zu Überschlägen gekommen war. Behoben hingegen waren die „Kinderkrankheit" der Schutzabschaltungen und die Defekte an den GTO-Thyristoren.

Rekorde und Störungen

Anfang Juli 1993 fanden zwischen Nyon und Gland Versuchsfahrten mit vier Re 460 in Vielfachsteuerung statt; um die mechanische Beanspruchung der Fahrleitung möglichst gering zu halten, wurden zwischen je zwei Loks drei alte Leichtstahlwagen eingereiht. In den Monaten Juli und August führte man zunächst nur nachts auf der Strecke Martigny – Riddes Schnellfahrten bis 230 km/h mit Spurführungs-, Fahrleitungs- und Lärmmessungen durch; ausserdem wurden der Druckstoss auf einen stehenden Zug sowie das Funktionieren der Bremsen bei hohen Geschwindigkeiten getestet. Im Sommer löste die Re 460 045-8 ihre Schwestermaschine 460 002-9 als Messlok ab, so dass letztere auf den Stand der bereits abgelieferten Loks gebracht werden konnte, und statt der Lok 460 000-3 wurde die Re 460 047-4 bei ABB zum Versuchsträger für Optimierungen. Von den 44 bis Ende Juni abgenommenen Lok 2000 standen 21 effektiv im Einsatz, und zwar sieben am Gotthard und 14 in Dienstplänen des Kreises I.

Seit dem Fahrplanwechsel im Mai 1993 wurden die Re 460 im Personenverkehr verstärkt mit IC-Zügen auf der Ost-West-Achse eingesetzt; doch bereits Anfang Juli musste die Generaldirektion der SBB diesen Versuch vorläufig unterbrechen, weil verschiedene Störungen vor allem im Bereich der äusserst komplexen elektronischen Steuerungsprogramme und in Zusammenhang mit der Permanent-Magnetschienenbremse PMS zu Beeinträchtigungen des Verkehrs geführt hatten. Deshalb wurden die Loks in die Dienste von Ae 6/6-Loks „zurückversetzt", denn die 460er haben die gleiche Lasttabelle wie die Ae 6/6.

Im Verlaufe des Sommers und Herbstes erfolgte die Sanierung der Permanent-Magnetschienenbremsen, und ab Oktober wurden nur noch Loks mit ZUB-Ausrüstung, Funkuhr und der neuen Software Release 40A ausgeliefert. Damit schuf die Industrie die Voraussetzungen, um die Lok 2000 in absehbarer Zeit wieder im IC-Verkehr einsetzen zu können.

Nachdem sich die Re 460 055-7 schon einmal in Norwegen vorgestellt hatte, begaben sich im Herbst 1993 die Loks Re 460 055-7 und Re 460 066-4 auf die lange Reise nach Norwegen, die geschleppt und mit ausgeschalteter Bremse in Güterzügen durch Deutschland und Dänemark führte. Die Norwegi-

Bild: Joël Bessard

schen Staatsbahnen NSB und die Schweizerischen Bundesbahnen hatten sich nämlich über einen halbjährigen Probeeinsatz von zwei Lok 2000 verständigt, weil die NSB im Hinblick auf die Olympischen Winterspiele 1994 in Lillehammer unter einem akuten Triebfahrzeugmangel litten. Bei diesem Anlass erhielt Lok 460 055-7 auch den Namen „Lillehammer".

Im Winter 1993/94 traten nochmals Schwierigkeiten mit der bereits sanierten Permanent-Magnetschienenbremse auf, weil die Kontakte zur Überwachung der Lösestellung im Winter oxydiert waren und kurzfristig ausgetauscht werden mussten. Zudem ergaben sich Probleme, weil die Bordnetzumrichter bei Stromabnehmersprüngen abschalteten; doch hier war eine Lösung mit entsprechender Software möglich. Allerdings verzögerte sich die Wiederaufnahme des Einsatzes vor IC-Zügen durch diese unliebsamen Überraschungen weiter.

Vom 20. bis 27. April 1994 wurde die Re 460 078-9 zusammen mit einem Panorama- und einem Salonwagen bei der Hannover-Messe ausgestellt, wo die Fahrzeuge für den „Design-Preis Schweiz" warben, mit dem sie ausgezeichnet worden waren.

Einsatz vor Huckepack- und IC-Zügen

Vom 9. Mai 1994 an verkehrten die Huckepack-Züge 73944 und 73947, Lugano Vedeggio – Basel – Lugano Vedeggio, täglich als Doppelzüge mit einer Länge von rund 700 m und drei Re 460. Die Züge bestanden aus zwei Standard-Kompositionen mit je 14 achtachsigen Niederflurwagen vom Typ Saadkms bzw. Saadkmms sowie einem Begleitwagen und einer Lok. Die dritte Lok 2000 wurde als Zwischenlok eingereiht und von der führenden über das ep-Kabel ferngesteuert; aus Sicherheitsgründen fuhr zunächst noch ein Lokführer auf dieser Zwischenlok mit.

Um die Garantie- und Nacharbeiten zu beschleunigen und bis Oktober 1994 abschliessen zu können, richtete die Industrie eine weitere Unterhaltsmöglichkeit in der Werkstätte der Südostbahn in Samstagern ein.

Im August 1994 konnte die letzte Lokomotive der Huckepack-Serie (Betriebsnummer 460 098-7) durch das Konsortium abgeliefert werden; allerdings kosteten die Lieferverzögerungen die Hersteller eine Konventionalstrafe von rund 7 Mio. Franken, was etwa dem Preis von einer Lok entspricht. Schon im September begann die Inbetriebnahme der nachbestellten Serie von Lok 2000 (Betriebsnummern 098 – 118).

Seit dem Fahrplanwechsel am 25. September 1994 setzten die SBB wieder 460er vor den IC-Zügen von Zürich nach Genf ein, weil die Sanierungsarbeiten einen Stand erreicht hatten, der Beeinträchtigungen im Verkehr fast ausschloss.

Anfangs 1995 führte SLM Versuchsfahrten mit dem Schweizer Neige-Versuchszug durch und setzte dabei die noch nicht fertig ausgerüstete Re 460 108-4 als antriebslose „Triebkopf-Attrappe" für Laufversuche ein. Da es für ein solches Fahrzeug keine amtliche Bezeichnung gab, wurde es in den Extrazug-Zirkularen als „TK 67" (dies bedeutet „Triebkopf mit 67 t Dienstgewicht") aufgeführt.

Ein alltägliches Bild bieten inzwischen die IC-Züge auf der Ost-West-Achse, bespannt mit den Loks 2000. Die Re 460 019-3 „Miele“ wurde mit dem IC 718 bei Siviriez im September 1996 fotografiert.

Bilder: Heinz Sigrist (oben), Ronald Gohl (unten)

Oben: Auf dem Huckepack-Korridor verkehren die 460er in Doppeltraktion – Seite 80 unten: Re 460 021-9 „Kambly“ bei Heimberg mit einem Extrazug, bestehend aus Eurocity-Wagen (Mai 1997).

Bild: Bernhard Kobler (oben rechts)

Am Wochenende vom 9. und 10. April 1995 fielen im Raum Zürich zahlreiche Umrichterlokomotiven (SBB-Re 450, SBB-Re 460 und SZU-Re 4/4) teilweise gleichzeitig aus, was zu erheblichen Verspätungen führte. Als Ursache stellte man fest, dass zu dieser Zeit ungewöhnlich viele Umrichterloks im Raum Zürich in Betrieb waren, die den Strom phasengleich verbrauchten, und dass zu wenige ältere Triebfahrzeuge eingesetzt wurden, die stabilisierend auf das Stromnetz wirken. Nachdem einige S-Bahn-Doppelstockzüge durch RBe 4/4-Pendel ersetzt worden waren, gab es an diesem Tag keine Probleme mehr. Da man zudem in der Folgezeit die Schutzeinstellungen der Leitelektronik der Loks etwas gröber und die Frequenz von 16,7 Hz ein wenig höher einstellte, blieben weitere Komplikationen aus.

Um zu beweisen, dass selbst schwerste Güterzüge von den Lok 2000 über den Gotthard gezogen werden können, verkehrte am 12. Februar 1996 ein „Super-Güterzug" von Basel nach Chiasso Smistamento: Re 460 064-9 und 460 047-4 in Vielfachsteuerung an der Spitze, gefolgt von dem 47 t schweren und 26,4 m langen SBB-Funkmesswagen X 99-73 109 und etwa 1900 t Last, von der auf der Gotthard-Strecke mit Rücksicht auf die Kupplungen rund 1300 t zu ziehen und 600 t von der ersten Zwischenlok zu schieben waren, danach Re 460 070-6, 460 060-7 und 460 094-6 als Zwischenlokomotiven und zum Schluss nochmals 1300 t Last. Auf dem Bremszettel notierte man für den Zug 176 Achsen, 543 m Länge und 3129 t Güterlast. Und die Fahrt verlief völlig problemlos, was man durchaus als Rekord ansehen darf.

Am 1. März 1996 setzten die SBB die letzte der insgesamt 119 Lok 2000 in

Betrieb; damit wurde die Ablieferung der weltweit grössten Serie von elektrischen Umrichterloks abgeschlossen, die sich über dreieinhalb Jahre erstreckte. Das Investitionsvolumen für die in vier Serien bestellten Maschinen betrug 817 Mio. Schweizer Franken.

Am 21. Juni 1996 war zum zweiten Male eine Re 460 in einen kleinen Unfall verwickelt: Bei einem Rangierunfall in Brig stiess die Re 460 013-6 mit einem Personenwagen zusammen, wobei der Führerstand der Lok erheblich beschädigt, der Personenwagen vom Typ Bpm schrottreif geknickt wurde. Bereits am 13.12.94 war es ebenfalls in Brig zu einem Rangierunfall gekommen, bei dem die Re 460 011-0 umstürzte.

Mit Pendelzügen ins Jubiläumsjahr

Eine einschneidende Veränderung im Aufgabenbereich der Loks begann im Herbst 1996, als mit der Bildung von Pendelzügen, bestehend aus EW IV-Personenwagen und 460ern, begonnen wurde; darauf wird im folgenden Kapitel näher eingegangen.

Im April 1997 folgten dann die ersten kommerziellen Versuchsfahrten mit Doppelstockwagen vom Typ „IC 2000". Dabei bestand der Versuchs-Pendelzug zunächst aus der Re 460 044-1, einem Gepäckwagen (ex SNCF), zwei Doppelstockwagen 2. Klasse, einem EW IV-Wagen 1. Klasse, der später durch einen Doppelstockwagen 1. Klasse ersetzt wurde, sowie dem EW IV-Steuerwagen, der einige Zeit später einem IC-2000-Steuerwagen weichen musste. Diese Komposition verkehrte in den Diensten von NPZ auf der Strecke Basel – Frick – (Brugg –) Frick – Basel. Zur gleichen Zeit fanden auch Schnellfahrversuche mit Geschwindigkeiten bis 220 km/h auf der Strecke zwischen Martigny und Ardon statt, bei denen die Massnahmen zur Unterdrückung von vertikalen Kastenschwingungen getestet werden sollten; dieser Versuchszug wurde aus der Re 460 035-9, einem EW IV-Steuerwagen, Doppelstockwagen, zwei weiteren EW IV-Steuerwagen, die die Führerstände gegeneinander gerichtet hatten, sowie der Re 460 009-4 gebildet.

Kleinere Probleme gibt es noch immer mit der Elektronik: Nach einem Führerstandswechsel brauchen die Re 460 ziemlich lange, um wieder aufzustarten, so dass es durchaus 20 Sekunden und länger dauern kann, bis nach der Erteilung des Fahrbefehls auch wirklich abgefahren werden kann. In dieser Hinsicht ist die Software durchaus noch „ausbaufähig".

Zu besonderen Ehren kam Lok 460 084-7, da sie zur Jubiläumslok erkoren wurde: Ersetzt man nämlich bei der Betriebsnummer die Ziffern „460 0" durch die Quersumme „1", ergibt sich das Eröffnungsjahr der Spanisch-Brötli-Bahn, 1847. Am 5. März 1997 wurde die Lok in ihrem Jubiläumskleid aus verchromten Selbstklebefolien mit einer Beschriftung aus Echtgold vor dem Bundeshaus in Bern der Öffentlichkeit vorgestellt, was zugleich der Startschuss für die Feierlichkeiten zum 150-Jahr-Jubiläum war. Ursprünglich sollte die Lok in einem goldenen Gewand erscheinen, doch nicht nur aufgrund der politischen Turbulenzen wegen des Nazi-Raubgoldes auf Schweizer Banken, sondern auch aufgrund produktionstechnischer Schwierigkeiten verzichtete man darauf.

Seit dem Fahrplanwechsel 97/98 sind auf der Ost-West-Achse alle IC-Züge

Zürich – Bern verpendelt sowie deren Vor- bzw. Nachlauf von / nach St. Gallen, Brig / Interlaken Ost und Genf. Auch die Züge auf der Jura-Südfuss-Linie von Basel / Rorschach nach Genf / Lausanne – Brig sind mit Lok 2000 bespannt. Im allgemeinen verkehren also die Züge mit den Kursbuch-Nummern 7xx, 8xx und 9xx sowie die Planzüge Zürich – Luzern mit 460ern.

Im Reiseverkehr sind Durchläufe von 460ern über die Strecken der BLS-Lötschbergbahn normal, denn von Bern aus verkehrt jede Stunde ein verpendelter IC nach Interlaken Ost bzw. nach Brig; die nicht verpendelten Züge über den Lötschberg werden von BLS-Loks, meistens 465ern, geführt. 465er der BLS-Lötschbergbahn laufen hingegen in der Regel nur im Güterverkehr durch (davon jedoch mehr im entsprechenden Kapitel).

Bild: Vally Gohl

Güterzugdienste

Für die Güterzüge über den Gotthard sind die 460er in Doppeltraktion im Pool mit den bekannten Paaren aus einer Re 6/6 und einer Re 4/4 III. Insgesamt müssen 38 Paare zur Verfügung stehen, wobei nicht vorgeschrieben ist, wie viele Paare von welcher Sorte zu stellen sind. Allerdings können die Güterzüge nach Singen in Deutschland nicht mit 460ern verkehren, weil das deutsche Personal auf den Schweizer Loks noch nicht ausgebildet ist. Doppeltraktion kommt also planmässig nur in den Umläufen für Güterzug-Kompositionen vor.

Zu den ersten Einsatzgebieten der Lok 2000 zählte der Lötschberg, heute ist sie dort neben den 465ern der BLS in Doppeltraktion vor schweren Güterzügen anzutreffen.

Oben: Seit Juni 1997 sind viele Re 460 mit IC-Pendelzügen fest verbunden – Rechte Seite: Romantischer Streckenabschnitt bei Champ-du-Moulin – Unten: IC-Pendelzug mit Verstärkungsmodul am Thunersee.

Bilder: Heinz Sigrist (oben), Dietmar Beckmann (links unten, Seite 85)

2000
460 026-8

In Zukunft werden die Re 460 vermehrt im Personenverkehr zum Einsatz kommen, weil noch mehr Pendelzüge gebildet werden sollen; so werden auf den internen Fahrplanwechsel Ende September 1997 auch die InterRegio-Züge Brig – Genf verpendelt. Da die Züge in der Schweiz aufgrund der Streckenführung und der kleinräumigen Geographie des Landes relativ häufig Kopf machen müssen, lassen sich durch den Einsatz von Pendelzügen Fahrzeuge, aber auch Lok- und Rangierpersonal einsparen bzw. für andere Dienste freisetzen. Ausserdem können die Aufenthaltszeiten verkürzt werden, weil kein Lokwechsel mehr vorgenommen werden muss. Im Güterverkehr am Gotthard ist eine Verlagerung des Einsatzes der 460er auf einen Schiebedienst von Erstfeld nach Chiasso bzw. umgekehrt geplant. Versuchsweise wurden im Frühsommer '97 vier Loks mit einer Funkfernsteuerung ausgerüstet. Der ganze Zug kann somit elektrisch gebremst werden und deshalb schneller fahren, auch wenn die zweite Lok am Zugschluss steht. Bisher werden die Güterzüge nämlich nur mit der Luftdruckbremse nach der sogenannten „Sägezahnmethode" gebremst, d. h., der Zug wird jeweils auf eine sehr tiefe Geschwindigkeit abgebremst, anschliessend löst man die Bremsen so lange, bis die zulässige Höchstgeschwindigkeit erreicht ist, und dann wird wieder gebremst. Dass die Güterzüge bei dieser Bremsmethode nur sehr langsam verkehren können, ist einsichtig; kann der Zug jedoch dank der Schiebelokomotive vollständig elektrisch gebremst und in Beharrung gehalten werden, ist insgesamt eine schnellere Fahrt möglich. Wenn alle Güterzüge mit einer Anhängelast von 800 bis 1800 t eine Schiebelok erhalten, benötigt man auf den Talstrecken bis Erstfeld meistens nur noch eine Lok, was einen effizienteren Einsatz der Fahrzeuge erlaubt. Wenn sich der Versuch bewährt, werden weitere Loks mit Funkfernsteuerung ausgerüstet, und 1998 kann ein Taktfahrplan für Güterzüge eingeführt werden, der die Transportkapazitäten erhöht, die Beförderung der Güter beschleunigt und die Konkurrenzfähigkeit der Schiene gegenüber der Strasse verbessert.

Schlussfolgerungen

Durchläufe ins Ausland gibt es keine, wenn man von den fahrplanmässigen Kursen nach Luino, Domodossola (Rangierbahnhof) und Weil am Rhein absieht. Neben der bereits erwähnten Vorführfahrt nach Salzburg hat es bisher noch zwei weitere Fahrten ins nähere Ausland gegeben: nach Stuttgart zum Jubiläum der Württembergischen Eisenbahn und nach München bzw. Rosenheim. Die Komposition nach Stuttgart (21./22. Oktober 1995) bestand aus dem Steuerwagen Bt 203-3 der Mittelthurgau-Bahn (MThB), weil dieser auf die deutsche Indusi-Zugsicherung anspricht, der BLS-465 001-6, die sowohl mit dem Steuerwagen als auch mit der SBB Re 460 korrespondiert, der Werbelok „Alpaufzug" für Märklin und der Zugkomposition. Eine 460er weilte in München und Rosenheim, weil die DB AG eine leise Lok für Messfahrten mit den „leisen" Güterwagen brauchte; die Messungen ergaben, dass die Lok leiser als die Güterwagen war.

Die Vorbereitungsarbeiten für eine Zweisystem-Version der Lok 2000 ruhen zur Zeit, weil zunächst abgeklärt werden muss, was machbar ist. Für den Güterverkehr in Richtung Süden, vor allem die Huckepack-Züge nach Novara und Milano-Greco Pirelli wäre eine Zweisystem-Lok interessant, weil der Lokwechsel an der Grenze doch einen grossen Zeitverlust bedeutet. Aber Konkretes zeichnet sich noch nicht ab.

Die grösste Laufleistung hat bisher die Lok 460 024 mit 923 942 km erbracht (Stand: September 1997); die Loks mit tiefen Nummern liegen alle zwischen 500 000 und 600 000 km. Insgesamt kommen die 460er auf ein Total von 75 233 191 Kilometern (ebenfalls Stand: September 1997). Sie erbringen also mit Abstand die höchste Kilometer-Leistung von allen SBB-Loks. Deshalb wurde auch schon mit der Revision „R1" begonnen, damit nicht zu viele Loks auf einmal zur Revision anstehen.

Diese Revision, alle grösseren Reparaturen sowie die für den Pendelzug-Betrieb nötigen Umbauten werden durch die Hauptwerkstätte Yverdon durchgeführt, die 1855 gegründet wurde. Für die Wartung der neuen Loks errichtete man 1996 auf dem Gelände der HW eine neue, sechsgleisige Halle. Bereits heute wird auch schon an der Lösung eines wichtigen Problems gearbeitet: Wenn die 460er in 10 oder 20 Jahren zu Grossrevisionen anstehen, wird es gewisse elektronische Komponenten, die ein zentraler Bestandteil dieser Loks sind, mit grösster Wahrscheinlichkeit nicht mehr auf dem Markt geben.

Den Abschluss dieses Kapitels soll eine Tabelle mit den vollständigen Betriebsnummern, den jeweiligen Ablieferungsdaten, dem Namen (mit dem Datum der Enthüllung) und dem Heimatdepot bilden. Hinsichtlich des Heimatdepots ist zu beachten, dass die Depotzuteilung nicht mehr so streng gehandhabt wird wie früher, sondern dass man die Loks dort einteilt und wartet, wo man sie braucht. So ist auch das „Durcheinander" zu erklären, das scheinbar bei der Depotzuteilung der Loks mit hohen Betriebsnummern herrscht: In Zürich sind nämlich seit dem Fahrplanwechsel im Mai 1997 nur noch pendelzugfähige Loks stationiert. Und im Hinblick auf die Namensgebung ist festzuhalten, dass diese nach betrieblichen Gegebenheiten und damit pragmatisch erfolgt: Wenn die Lok, die den Namen tragen soll, gerade in der Werkstätte ist, dann erhält eben eine andere Maschine diesen Namen. Die letzte Lok wird 1999 getauft. Ursprünglich sollten die Loks nur Namen von Bergen und Tunneln tragen, und so brauchten auch keine Wappen angebracht zu werden, die eventuell das optische Gesamtbild der Lok stören. Später kamen andere geographische Angaben hinzu, z. B. „Nord Vaudois", „Rotsee" oder „Seetal", und manche Namen fallen völlig aus dem Rahmen, beispielsweise „Joggeli" (für das Basler Stadion), „Junior" (für den SBB-Junior-Club) oder „Züspa".

Der Name der Lok ist in der Regel am jeweils linken Führerstand links neben den Handläufen angebracht; Lok 460 067-2, „Kendall", führt ihren Namen jeweils auf beiden Seiten, und die HCB-Werbelok Re 460 014-4 hat die drei Namen „Béatrice, Kim, Simone" in kleinerer Schrift auf der rechten Seite neben den Handläufen. Die meisten Werbeloks tragen (noch) keinen Namen, bei den Werbeloks mit Namen ist dieser kursiv gesetzt. Eine Lok, nämlich 460 018-5, hat ihren Namen mit der Werbung wieder verloren: Als Danzas-Werbelok hiess sie „Louis Danzas", als Pepsi-Werbelok hat sie keinen Namen mehr.

Folgende Namen sind für weitere Re 460 der SBB bereits vorgesehen (das voraussichtliche Enthülldatum steht in Klammern): Aare (1997), Areuse, Glatt (09.97), Reuss (1997), Vereina.

Inbetriebsetzung und Loktaufen

Betriebsnr.	abgeliefert	Name	enthüllt	Unterhaltsregion
460 000-3	30.09.92	Grauholz	23.05.95	RMUR Lausanne
460 001-1	22.12.92	Lötschberg	08.05.92	RMUR Lausanne
460 002-9	30.07.93	Seeland	10.06.94	RMUR Lausanne
460 003-7	28.01.92	Milieu du Monde	11.06.94	RMUR Lausanne
460 004-5	21.05.92	Uetliberg	20.05.92	RMUR Lausanne
460 005-2	23.07.92	Val d'Anniviers	07.09.93	RMUR Lausanne
460 006-0	22.09.92	Lavaux	11.11.93	RMUR Lausanne
460 007-8	19.11.92	Junior	12.03.93	RMUR Lausanne
460 008-6	28.09.92	La Gruyère	07.11.92	RMUR Lausanne
460 009-4	30.09.92	Le Jet d'eau	20.03.93	RMUR Lausanne
460 010-2	09.12.92	Löwenberg	11.06.93	RMUR Lausanne
460 011-0	17.11.92	Léman	29.10.94	RMUR Lausanne
460 012-8	16.11.92	Erguël	01.04.95	RMUR Lausanne
460 013-6	10.12.92	Nord Vaudois	19.04.97	RMUR Lausanne
460 014-4	24.02.93	*Béatrice, Kim, Simone*	21.06.96	RMUR Lausanne
460 015-1	02.03.93	*Dübendorf II*	04.05.94	RMUR Lausanne
460 016-9	26.02.93	*Tramont (Jubi)*	11.04.97	RMUR Lausanne
460 017-7	24.03.93	Les Diablerets	05.04.97	RMUR Lausanne
460 018-5	29.03.93	*Werbelok (Jubi)*	30.04.97	RMUR Lausanne

Links: Der Huckepack-Korridor dient zur Entlastung der Gotthard-Autobahn. Die Züge werden mit zwei 460ern und einem Aufenthaltswagen mit der Aufschrift „Hupac“ für die Lastwagenchauffeure bestückt – Unten: Mit IC-Zügen fahren die Re 460 von Bern über Thun auf dem BLS-Gleis bis Interlaken-Ost, im Bild ist die Re 460 042-5 bei Einigen.

Bilder: Dietmar Beckmann (oben), Ronald Gohl (unten)

Inbetriebsetzung und Loktaufen

Betriebsnr.	abgeliefert	Name	enthüllt	Uanterhaltsregion
460 019-3	07.05.93	Terre Sainte	<23.12.97>	RMUR Lausanne
460 020-1	28.07.93	*Werbelok*	15.09.95	RMUR Lausanne
460 021-9	12.08.93	*Werbelok (Jubi)*	16.04.97	RMUR Lausanne
460 022-7	06.08.93	*Werbelok*	29.02.96	RMUR Lausanne
460 023-5	07.10.93	*Werbelok*	16.05.96	RMUR Lausanne
460 024-3	23.07.92	Rheintal	15.05.93	RMUR Lausanne
460 025-0	11.08.92	Striegel	04.07.93	RMUR Lausanne
460 026-8	11.09.92	Fricktal	26.06.93	RMUR Lausanne
460 027-6	27.11.92	Joggeli	20.05.93	RMUR Lausanne
460 028-4	30.11.92	Seetal	04.09.93	RMUR Lausanne
460 029-2	18.11.92	Eulach	25.09.93	RMUR Lausanne
460 030-0	20.11.92	Säntis	28.08.93	RMUR Lausanne
460 031-8	26.11.92	Chaumont	09.06.95	RMUR Lausanne
460 032-6	04.12.92	*Leutschenbach II*	07.01.97	RMUR Lausanne
460 033-4	17.12.92	*Ascolino*	06.09.96	RMUR Lausanne
460 034-2	22.12.92	Aare	<25.10.97>	RMUR Lausanne
460 035-9	10.03.93	*Werbelok*	01.08.96	RMUR Lausanne
460 036-7	24.02.93	*Werbelok*	01.08.96	RMUR Lausanne
460 037-5	23.02.93	*Werbelok*	02.05.96	RMUR Lausanne
460 038-3	12.03.93	Hauenstein	04.09.94	RMUR Lausanne
460 039-1	24.03.93	Rochers-de-Naye	<29.11.97>	RMUR Lausanne
460 040-9	23.04.93	Napf	03.05.97	RMUR Zürich
460 041-7	01.04.93	Mendrisiotto	11.09.93	RMUR Zürich
460 042-5	10.05.93	Albis	29.01.94	RMUR Zürich
460 043-3	21.05.93	Dreispitz	15.06.94	RMUR Zürich
460 044-1	26.05.93	Zugerland	19.11.94	RMUR Zürich
460 045-8	09.06.94	Rigi	03.06.95	RMUR Zürich
460 046-6	28.05.93	Polmengo	07.02.95	RMUR Zürich
460 047-4	30.06.93	Maderanertal	24.09.94	RMUR Zürich
460 048-2	24.06.93	Züri Wyland	13.08.94	RMUR Zürich
460 049-0	24.06.93	Pfannenstiel	02.09.94	RMUR Zürich
460 050-8	24.06.93	Züspa	09.04.94	RMUR Zürich
460 051-6	23.07.93	Staffelegg	31.12.94	RMUR Zürich
460 052-4	22.07.93	Eigenamt	29.04.95	RMUR Zürich
460 053-2	13.08.93	Suhrental	25.06.95	RMUR Bellinzona
460 054-0	28.07.93	Dreiländereck	09.06.96	RMUR Bellinzona
460 055-7	29.07.93	Lillehammer	07.10.93	RMUR Bellinzona
460 056-5	18.08.93	*Leutschenbach I*	07.01.97	RMUR Bellinzona
460 057-3	20.08.93	Val-de-Ruz	16.08.97	RMUR Bellinzona
460 058-1	13.09.93	La Côte	<08.11.97>	RMUR Bellinzona
460 059-9	30.09.93	La Béroche	<1997>	RMUR Bellinzona
460 060-7	30.09.93	Val-de-Travers	<12.10.97>	RMUR Bellinzona
460 061-5	07.10.93	Wiggertal	04.04.97	RMUR Bellinzona
460 062-3	14.10.93	Ergolz	<1997>	RMUR Bellinzona
460 063-1	29.10.93	Brunegg	25.06.94	RMUR Bellinzona
460 064-9	27.10.93	Mythen	26.08.94	RMUR Bellinzona
460 065-6	27.10.93	Rotsee	22.05.96	RMUR Bellinzona
460 066-4	17.11.93	Finse	10.07.94	RMUR Bellinzona
460 067-2	16.11.93	Kendall	<22.09.97>	RMUR Bellinzona
460 068-0	29.11.93			RMUR Bellinzona

Inbetriebsetzung und Loktaufen

Betriebsnr.	abgeliefert	Name	enthüllt	Uanterhaltsregion
460 069-8	16.12.93			RMUR Bellinzona
460 070-6	18.11.93			RMUR Bellinzona
460 071-4	09.12.93	Mittelland	06.09.97	RMUR Bellinzona
460 072-2	25.11.93	Reuss	<25.10.97>	RMUR Bellinzona
460 073-0	16.12.93	Monte Ceneri	30.08.97	RMUR Bellinzona
460 074-8	21.12.93			RMUR Bellinzona
460 075-5	21.12.93	Schafmatt	30.08.97	RMUR Bellinzona
460 076-3	07.02.94	Leventina	07.09.97	RMUR Bellinzona
460 077-1	28.02.94	Chunnel	26.05.97	RMUR Bellinzona
460 078-9	07.02.94	Mte. Generoso	06.09.97	RMUR Bellinzona
460 079-7	07.02.94	Weissenstein	30.08.97	RMUR Bellinzona
460 080-5	11.03.94	Tre Valli	<13.09.97>	RMUR Bellinzona
460 081-3	17.02.94	Pfänder	16.05.97	RMUR Bellinzona
460 082-1	07.06.94	Ceresio	<20.09.97>	RMUR Bellinzona
460 083-9	14.03.94			RMUR Bellinzona
460 084-7	14.04.94	Helvetia	08.08.97	RMUR Zürich
460 085-4	24.03.94	Verkehrshaus	<16.09.97>	RMUR Bellinzona
460 086-2	09.05.94	Ägerisee	08.06.97	RMUR Bellinzona
460 087-0	21.04.94	Säuliamt	17.09.94	RMUR Bellinzona
460 088-8	05.05.94	Limmat	08.08.97	RMUR Bellinzona
460 089-6	19.05.94	Freiamt	07.06.97	RMUR Bellinzona
460 090-4	19.05.94	Goffersberg	07.06.97	RMUR Bellinzona
460 091-2	26.05.94	Werdenberg	<13.09.97>	RMUR Bellinzona
460 092-0	02.06.94	Fridolin	28.06.97	RMUR Bellinzona
460 093-8	09.06.94	Rhein	21.06.97	RMUR Bellinzona
460 094-6	16.06.94	Rätia	07.06.97	RMUR Bellinzona
460 095-3	23.06.94			RMUR Bellinzona
460 096-1	30.06.94	Furttal	31.06.97	RMUR Bellinzona
460 097-9	21.07.94	Studenland	27.05.95	RMUR Bellinzona
460 098-7	18.07.94	Balsberg	27.08.94	RMUR Bellinzona
460 099-5	18.08.94	Bodensee	01.10.94	RMUR Zürich
460 100-1	21.10.94	Tösstal	03.09.94	RMUR Bellinzona
460 101-9	29.09.94	Bözberg	20.05.95	RMUR Zürich
460 102-7	30.11.94	Lägern	27.05.95	RMUR Bellinzona
460 103-5	18.11.94	Heitersberg	17.06.95	RMUR Bellinzona
460 104-3	23.12.94	Toggenburg	24.06.95	RMUR Zürich
460 105-0	26.01.95	Fürstenland	24.06.95	RMUR Bellinzona
460 106-8	22.02.95	Munot	24.08.95	RMUR Bellinzona
460 107-6	04.04.95	Glärnisch	26.08.95	RMUR Bellinzona
460 108-4	28.09.95	Engadin	22.11.95	RMUR Bellinzona
460 109-2	20.04.95	Alpstein	11.08.95	RMUR Bellinzona
460 110-0	18.05.95	Mariaberg	01.07.95	RMUR Bellinzona
460 111-8	08.06.95	Kempt	08.09.95	RMUR Zürich
460 112-6	06.07.95	Thurtal	18.05.96	RMUR Zürich
460 113-4	04.08.95	Irchel	18.05.96	RMUR Zürich
460 114-2	31.08.95	Landuf Landab	05.10.95	RMUR Zürich
460 115-9	27.10.95	Heidiland	19.10.96	RMUR Zürich
460 116-7	23.11.95	Ostschweiz	07.05.97	RMUR Zürich
460 117-5	21.12.95	Zürichsee	24.05.97	RMUR Zürich
460 118-3	29.02.96	Gotthard/Gottardo	25.09.96	RMUR Bellinzona

Oben: Loktaufen sind wichtige regionale Ereignisse mit festlichem Rahmenprogramm, im Bild die Re 460 094-6, die in Landquart auf den Namen „Rätia" getauft wurde, daneben steht die RhB-Dampflok „Rätia" – Unten: Western Union (Re 460 114-2), eine der neusten SBB-Werbeloks, mit IC 729 bei Riedtwil.

Bilder: Bruno Hitz (oben), Heinz Sigrist (unten)

7. Verpendelt durch die Schweiz

Mitte November 1996 erhielten die 460er einen neuen Aufgabenbereich, denn vor allem auf der Strecke Luzern – Zürich HB – Zürich Flughafen wurde probeweise mit dem Pendelzug-Betrieb begonnen. Die Kompositionen bestanden aus einer Lok 2000, einem Gepäckwagen, dem neuen EW IV-Steuerwagen und mehreren EW IV-Wagen 1. und 2. Klasse. Zunächst traten erhebliche Probleme mit der Türüberwachung auf, denn die EW IV-Wagen waren jahrelang in den InterCity-Zügen ohne Türüberwachung im Einsatz. Für den Pendelzug-Betrieb musste nun die Türüberwachung aktiviert und sowohl mechanisch als auch elektrisch auf den nötigen Stand gebracht werden, was zu Problemen führte. Ausserdem ergaben sich gewisse Störungen bei der Vielfachsteuerung mit den Steuerwagen. Diese Anfangsschwierigkeiten liessen sich aber beheben, so dass auf den Fahrplanwechsel 1997/98 der Pendelzug-Betrieb im grossen Stile aufgenommen und dadurch eine erhebliche Leistungssteigerung ermöglicht werden konnte, die ohne Verpendelung der IC- und IR-Züge nicht denkbar gewesen wäre – vor allem nicht bei den engen finanziellen Gren-

Oben: Jubilok und Steuerwagen IC-Bt – unten: Doppelstockzug mit zusätzlichem ex SNCF-Gepäckwagen.

Bilder: Joël Bessard (oben), Dietmar Beckmann (unten)

zen, die den SBB augenblicklich gesetzt sind. Anschliessend konnte man die organisatorische Optimierung an die Hand nehmen, weil ja z.B. für gewisse Unterhaltsarbeiten Lok und Steuerwagen zusammen bleiben, worauf man sich hinsichtlich der Instruktion des Personals, der Ersatzteilbeschaffung u.ä. einstellen muss.

Fahrplanstart mit 26 Pendelzügen

Zu Beginn der Fahrplanperiode 97/98 waren insgesamt 26 Pendelzüge mit Lok 2000 im Einsatz: zwei neunteilige Doppelstock-Pendel, bestehend aus dem Steuerwagen Bt, vier Wagen 2. Klasse, zwei Wagen 1. Klasse, dem Wagen 1. Klasse mit Gepäckabteil und der Lok; drei zwölf- oder dreizehnteilige Ersatzkompositionen, die aus dem EW IV-Steuerwagen Bt, fünf oder sechs EW IV-Wagen 2. Klasse, vier EW IV-Wagen 1. Klasse, dem Gepäckwagen und der Lok bestanden, für die noch nicht zur Verfügung stehenden Doppelstock-Pendel; 17 dreizehnteilige EW IV-Pendel (mit Steuerwagen Bt, fünf Wagen 2. Klasse, Speisewagen, vier Wagen 1. Klasse, Gepäckwagen und Lok); vier elfteilige EW IV-Pendel, bestehend aus dem Steuerwagen Bt, fünf Wagen 2. Klasse, drei Wagen 1. Klasse, dem Gepäckwagen und der Lok.

Drei EW IV-Pendel führen neben dem Speisewagen auch einen Familienwagen. Und die Formation der Doppelstock-Pendel musste bereits wenige Wochen nach dem Fahrplanwechsel geändert werden: Das Platzangebot in den Doppelstockwagen war seinerzeit für den Einsatz auf der Ost-West-Achse St. Gallen – Zürich – Genf konzipiert worden; zur Zeit verkehren die Züge jedoch in eines der wichtigsten Touristikgebiete der Schweiz – das Berner Oberland. Deshalb zeigte sich sehr bald, dass das recht kleine Gepäckabteil im Wagen 1. Klasse, das auch noch dem Verpflegungsdienst Raum bieten muss, für die Mengen an Gepäck, die vor allem auf dem Abschnitt Zürich Flughafen – Interlaken Ost zu transportieren sind, nicht ausreicht. Deshalb wurde zwi-

Bild: Ronald Gohl

Das Design der Steuerwagen vom Typ IC-Bt wurde der sphärischen Kopfform der Lok 2000 nachempfunden. Auch die Führerstandseinrichtung ist mit jener der Re 460 identisch.

Beheimatung der Pendelzüge

Depot	Rollmaterial (Stand: Juni 1997)
Basel	2 Doppelstock-Pendel 3 Ersatzkompositionen aus EW IV-Pendeln ohne Speisewagen Loks des Kreises II
Genf	11 EW IV-Pendel mit Speisewagen Loks des Kreises I
Rorschach	5 EW IV-Pendel mit Speisewagen Loks des Kreises III
Zürich	4 verkürzte EW IV-Pendel 1 EW IV-Pendel mit dem McDonald's-Speisewagen Loks des Kreises III.

schen den als „Servicewagen" bezeichneten doppelstöckigen AD und die Lok je einer der ehemaligen SNCF-Gepäckwagen eingereiht. Technisch bereitet das keine Probleme, doch wird das optische Gesamtbild erheblich gestört, weil die Wagen ja für den Einsatz in den EW IV-Pendeln aufgearbeitet wurden. Ausserdem dürften die augenblicklich vorhandenen, pendelzugfähigen Gepäckwagen nicht ausreichen, so dass die SBB den Kauf weiterer SNCF-Gepäckwagen dieses recht modernen und robusten, aber äusserst einfach ausgerüsteten Typs prüfen.

Vorspann und Verstärkungsmodule

Zur Zeit sind alle InterCity- und InterRegio-Züge Zürich – Bern – Genf (Flughafen), Zürich – Bern – Interlaken Ost, Zürich – St. Gallen und Zürich – Luzern verpendelt, ausserdem einige Züge Zürich – Basel und Zürich – Brig. Da insgesamt 60 EW IV-Steuerwagen bestellt worden sind, werden weitere Linien folgen. Die Doppelstock-Pendel verkehren nur nach Interlaken Ost, und auf der Relation Luzern – Zürich HB – Zürich Flughafen kommen die verkürzten, elfteiligen Pendelzüge zum Einsatz. Die Umläufe der Pendel ergeben Laufleistungen bis zu 1400 km pro Tag, also mehr als 30 000 km pro Monat, wodurch auch die Loks entsprechend hoch ausgelastet sind.

Bei starkem Verkehrsaufkommen werden die Pendelzüge um Verstärkungsmodule ergänzt, die aus einem Steuerwagen Bt und bis zu drei weiteren EW IV-Personenwagen bestehen. Maximal kann ein Pendel um zwei Verstärkungsmodule ergänzt werden, weil die Vielfachsteuerung auf höchstens vier Fahrzeuge, z.B. eine Lok und drei Steuerwagen, ausgelegt ist. Da zur Zeit nicht genügend Doppelstockwagen zur Verfügung stehen und noch keine doppelstöckigen Verstärkungsmodule gebildet werden können, werden auch die Doppelstock-Pendel durch EW IV-Verstärkungsmodule ergänzt. Technisch möglich und betrieblich zugelassen sind auch Doppelstock-Module an EW IV-Pendeln.

Übrigens ist auch die Kupplung von zwei EW IV-Pendelzügen betrieblich zugelassen, wobei die Loks an beliebiger Stelle – auch zusammen in der Zugmitte – stehen können. Allerdings darf eine Zuglänge von 450 m nicht überschritten

Seit Fahrplanwechsel 1997 verkehren alle InterCity-Züge auf der West-Ost-Achse nur noch als Wendezüge. Der IC 924 mit dem Steuerwagen Bt 28-94 910-2 wurde bei Bützberg fotografiert (oben). Unten: Doppelstockzug mit Werbelok „Schweizer Fernsehen“ zwischen Flawil und Gossau.

werden, wobei sich dieser Grenzwert durch die technischen Gegebenheiten der Vielfachsteuerung ergibt.

Planmässig erhalten zwei mit EW IV-Pendeln geführte Züge Vorspann durch eine weitere 460er (vor dem Steuerwagen). Es handelt sich dabei um die IC-Züge 708, 06.34 Uhr ab Zürich nach Genf Flughafen und 734, 17.34 Uhr ab Zürich nach Genf. Diese Züge haben je einen zusätzlichen Zwischenhalt in Aarau (morgens) und Olten (abends), aber die

Oben rechts: Die Doppelstockzüge wurden 1997 bei starkem Verkehrsaufkommen mangels weiterer Doppelstockeinheiten durch EW-IV Verstärkungsmodule ergänzt.

Durch die neuen Steuerwagen IC-Bt entfallen zeit- und personalaufwendige Rangiermanöver in den zahlreichen Kopfbahnhöfen der Schweiz.

gleiche Fahrzeit wie die Züge ohne Zwischenhalte, weil durch den Einsatz der zweiten Lok die Beschleunigung verbessert werden kann. Die Zusatzlok von IC 708 verkehrt montags bis freitags nur bis Genf HB, von dort nach Brig und von Brig aus mit einem Güterzug nach Zürich zurück; samstags und sonntags bleibt sie bis Genf Flughafen am Pendel und fährt mit der gleichen Komposition als Zug 721 nach Zürich zurück. Die Verstärkungslok von IC 734 fährt immer nur bis Genf HB und von dort aus mit Güterzügen zurück.

In die EW IV-Pendel sind ausschliesslich die von der französischen Eisenbahn SNCF übernommenen Gepäckwagen eingereiht, weil nur diese für den Pendelzugbetrieb umgebaut wurden; ausserdem passen sie optisch sehr gut zu den EW IV-Personenwagen. Bei den Doppelstockwagen 1. Klasse mit Gepäckabteil gibt es natürlich keine Übergangsmöglichkeit zur Lok, wohl aber die nötigen Leitungen.

Loks und Steuerwagen

Die Loks der Pendelzüge stehen immer auf der Seite Zürich, weil der Gepäckwagen ja unmittelbar hinter der Lok eingereiht ist und in Zürich HB in der Nähe des Prellbocks zu stehen kommt, was die Wege zum Be- und Entladen verkürzt. Ausserdem werden die Züge über die Steilstrecken Lausanne – Palézieux und Rorschach – St. Gallen immer von der Lok gezogen, was die Möglichkeit von Komplikationen noch weiter verringert.

Die EW IV-Steuerwagen vom Typ Bt sind eine Kombination aus dem Führerstand der Re 460 und einem EuroCity-Wagen; der Kopf aus Faserverbund-Werkstoffen ist aufgesetzt, und das Führerpult entspricht bezüglich Konzept und Ausrüstung demjenigen der Lok 2000. Die Doppelstock-Steuerwagen vom Typ IC 2000-Bt sind technisch wie die EW IV-Bt ausgelegt, haben aber eine andere Kopfform. Die Doppelstock-Kompositionen werden mit der ep-Bremse gefahren. Sie besitzen den sogenannten „Komfort-Bus", d.h., der elektronische Datenaustausch zwischen den Wagen ist möglich. Wenn also z.B. in einem Wagen die Klimaanlage ausfällt, kann man das auch in den anderen Wagen über Display feststellen und die entsprechenden Massnahmen treffen.

Um eine möglichst hohe Verfügbarkeit der Kompositionen zu erreichen, gibt es bei den Fahrzeugen zwei Vielfachsteuerungen, so dass der Lokführer aufgrund dieser Redundanz bei Problemen oder Störungen von der einen auf die andere Steuerung wechseln kann.

Die Lokomotiven werden je nach Verfügbarkeit den Pendeln zugeteilt, so dass aufgrund dieser flexiblen Handhabung auch Werbeloks in Pendeln zum Einsatz kommen. Die Loks bleiben möglichst lange an dem jeweiligen Pendel, bis sie bei einer Störung oder einem regulären Unterhalt ausgetauscht werden müssen; dies geschieht dann nachts

Bilder vorangehende Doppelseite: Heinz Sigrist (oben), Bruno Hitz (unten), Roger Haueter (oben rechts)

mit einer anderen (beliebigen) 460er des entsprechenden Kreises. Zielvorstellung seitens der SBB ist es, dass die Loks planmässig nur anlässlich des Unterhalts nach jeweils 200 000 km ausgetauscht werden, weil dieser Unterhalt, bei dem z.B. auch die Filter gewechselt werden, einen Tag dauert. Bei dem kleineren Unterhalt, der nach jeweils 20 000 km erfolgt und in ein bis zwei Stunden erledigt ist, bleibt die Lok am Zug. In Zürich und Genf sind Unterhaltszentren geplant, in denen ganze Pendelzug-Kompositionen gewartet werden können, so dass die Lok dann am Zug bleiben könnte.

Die ersten 24 Lok 2000 wurden von der Industrie für den Pendelzug-Betrieb umgebaut, und zwar die Betriebsnummern 460 000 bis 460 022 und 460 032. Ursprünglich sollte die 460 023 ebenfalls umgebaut werden; da sie aber zur Werbelok umgearbeitet worden war, wollte man sie nicht gleich wieder aus dem Verkehr nehmen, und deshalb ist sie noch nicht pendelzugfähig. Der Umbau der restlichen Loks erfolgt durch die Hauptwerkstätte Yverdon, und zwar in bunter Reihenfolge: immer wenn eine Lok wegen einer Störung in die HW muss, wird sie auch gleich für den Pendelzug-Betrieb umgebaut.

Von den 465ern der BLS und der SBB sind im Augenblick nur die Loks der 2. Serie, also die Betriebsnummern 465 009 bis 018, für den Pendelzug-Betrieb einsetzbar. Denn die Loks der 1. Serie wurden noch nicht modifiziert, was jedoch im Laufe des Jahres 1998 geschehen soll. Obwohl es also technisch möglich wäre, sind zur Zeit keine 465er für Pendelzug-Kompositionen eingeteilt.

Die neuen doppelstöckigen Fahrzeuge des InterCity-Verkehrs kommen beim Publikum gut an. Eine Umfrage des GfM-Institutes ergab, dass vier von fünf Befragten die Doppelstockwagen den EW-IV vorziehen.

Bilder: Foto-Service SBB (Seiten 98 und 99)

Oben: Im Bahnhof Lausanne stehen im September 1997 zwei InterCity EW-IV Pendel zur Abfahrt bereit – Unten: Der bei Faulensee fotografierte Doppelstock-Pendel weist acht Zwischen- und einen Steuerwagen auf.

Bilder: Heinz Sigrist (oben), Foto-Service SBB (unten)

8. Werbung, die (ein-)fährt

Nicht überall verstanden wurde die Botschaft des Touring-Clubs der Schweiz. Warum setzt die Autolobby mit der Re 460 022-7 auf die Bahn (oben)? Kambly-Keks-Lok Re 460 021-9 in Thun (unten).

Bilder: Joël Bessard (oben), Ronald Gohl (unten)

Offizielle chrome-farbene Jubiläumslok für das 150-Jahr-Bestehen der Schweizer Bahnen war 1997 die Re 460 084-7 (oben). Im April 1997 hat „Pepsi" die „Danzas"-Werbung auf der Lokomotive Re 460 018-5 abgelöst (unten).

Ein weiteres Novum in der Geschichte der SBB stellt die Tatsache dar, dass mehrere Loks der Baureihe Re 460 als Werbeträger mit Vollwerbung unterwegs sind. Die Leitung der SBB hat grundsätzlich alle 119 Loks dieses Typs als Werbeträger freigegeben und keine Limitierung vorgenommen, weil sie der Ansicht ist, dass der hohe Preis (Benützungs- und Produktionskosten) für eine Limitierung sorgen wird. Und so sind zur Zeit (1997/98) etwa 20 Loks pro Jahr mit Werbung im Einsatz.

Filmdose als Werbe-Wegbereiter

Dass man gerade diese Loks mit Werbung versehen hat, ist ein reiner Zufall: Die Firma Agfa hatte bei den SBB angefragt, ob sie Werbung auf den grossen Anzeigetafeln in den Bahnhöfen anbringen könnte. Die SBB wollten jedoch Werbung und Information nicht miteinander vermischen und machten – zunächst rein theoretisch – in einem Gespräch den Gegenvorschlag, doch eine Lok mit Werbung zu versehen, zumal eine Lok sicher von mehr Personen gesehen würde als eine Anzeigetafel. Da gerade die ersten Loks vom Typ Re 460 ausgeliefert worden waren, lag es nahe, diese neue Baureihe als Werbeträger vorzuschlagen. Agfa nahm die Idee mit grossem Interesse auf, und die Generaldirektion der SBB war ebenfalls einverstanden. Fast gleichzeitig kam eine ähnliche Anfrage von der Firma Ciba, jetzt Novartis, die täglich mehrere tausend Tonnen Güterverkehr mit der Bahn abwickelt. Beide Werbeloks wurden gleichzeitig fertig.

Bilder: Foto-Service SBB (2)

Die Produktion der Werbung – entweder durch Umspritzen der Lok oder durch Klebefolien – sowie die Rückversetzung in den Ist-Zustand bezahlt der Kunde (ca. 80 000 bis 100 000 Franken), ausserdem einen festen Betrag von ca. 240 000 Franken pro Jahr und Lok als Werbeträger, eine willkommene Zusatzeinnahme für die defizitgeplagten SBB. Es handelt sich um einen rein reaktiven Verkauf, für den es seitens der Bahn keinerlei Verkaufshilfen gibt; das Produkt verkauft sich nämlich von selbst, und jedes Produkt ist zudem ein massgeschneidertes Einzelprojekt. Die jeweilige Firma kann die Lok auch zu weiteren Werbezwecken anfordern, z. B. einem Tag der offenen Tür oder Video-Aufnahmen für Werbespots. Das Produkt, das der Generaldirektor der SBB formell genehmigen muss, wird also individuell am „grünen Tisch" gemacht. Es bedarf dazu ein bis zwei Besprechungen, und etwa drei Monate später steht die entsprechende Lok auf den Schienen.

Ein besonderer Werbevertrag besteht zwischen den SBB und dem Schweizer Fernsehen DRS: Seit dem 7. Januar 1997 sind die Loks 460 056-5, „Leutschenbach I", und 460 032-6, „Leutschenbach II", in den Hausfarben des SF DRS unterwegs, und im ganzen Jahr 1997 treten die SBB als Sponsor des „Dienstagskrimis" auf. Da also diese Zusammenarbeit bei der Werbung auf beiden Seiten aus Sachleistungen besteht, wird das ordentliche Budget sowohl bei den SBB als auch bei SF DRS kaum belastet. Seit Mitte 1996 machen die SBB als weitere Sonderform von Werbeloks auch Eigenwerbung, denn die 460 035-9 verkehrt mit den Aufschriften „Wir verbinden die Schweiz" auf der einen und „Nous relions les Suisses" auf der anderen Seite, und die 460 036-7 hat auf der einen Seite ebenfalls die französische Aufschrift und auf der gegenüberliegenden die italienische „Uniamo la Svizzera". Beide Loks haben einen roten Anstrich, wobei das Rot – als Besonderheit – bis zur Kastenunterkante reicht und die Schürze nicht farblich abgesetzt ist; das grosse weisse SBB-Signet ist mit den geographischen Umrissen der Schweiz in grüner Farbe hinterlegt.

Grundsätzlich wird keine Werbung für Tabak, Alkohol und andere Suchtmittel gemacht, aber auch politische Parteien oder religiöse Gruppierungen sind von der Werbung ausgeschlossen. Denn jede Form von Werbung, die den Jugendlichen schaden könnte, soll vermieden werden.

Die SBB sind der Meinung, dass das Produkt „Werbelok" das Erscheinungsbild der Bahngesellschaft belebt, und deshalb wird es in den nächsten Jahren immer wieder Werbeloks geben. Welche Lok welche Werbung trägt, ist rein zufällig, auch der Wechsel von einer Werbung zur anderen, eventuelle Kundenwünsche werden jedoch berücksichtigt.

Sicherheit und Einsatz der Werbeloks

Von zentraler Bedeutung ist aber die Wahrung der Sicherheit, und so stehen dem Kunden alle Flächen, die bei der „Originallok" rot sind, als Werbeflächen zu Verfügung. Die Frontseiten dürfen jedoch nicht dunkler sein als das heutige Rot; deshalb musste auch die sogenannte „Heizerlok" von Märklin mit weissen Stirnfronten verkehren.

Die Werbeloks sind in Lausanne, Zürich und Bellinzona beheimatet; jede Lok

Zwei farblich beliebte Werbelokomotiven: Die Danzas-Lok Re 460 018-5 mit der BLS Re 460 003 und einem Güterzug auf dem Kanderviadukt bei Frutigen (oben) sowie die „Fernseh-Lok" Re 460 056-5, die als Ausgleich für das SBB-Sponsoring beim Dienstagskrimi fährt.

Bilder: Foto-Service SBB (2)

Bilder: Foto-Service SBB (oben), Bruno Hitz (mitte), Heinz Sigrist (unten)

Oben: Die Silbermetallic-Farbe der ADtranz-Lok musste gleich dreimal aufgetragen werden.
Mitte und unten: Märklin-Werbelok Re 460 017-7 mit zwei Sujets innerhalb eines Jahres.

Die Werbelokomotiven im Überblick

Betriebsnr.	Firma	Grundfarbe	seit	Vertragsende
460 014-4	HCB (Höchstleistungen mit Cement und Beton)	weiss	21.06.96	21.06.97
460 015-1	AGFA	weiss/orange	04.05.94	03.05.97
	Westschweizer Fernsehn	Würfel mit Punkten	Herbst 97	
460 016-9	Ciba	weiss	Mai 1994	Nov. 1995
	Ciba	hellblau + Schwalben	Dez. 95	31.12.96
	ADtranz	silber	11.04.97	1997
460 017-7	Märklin „Heizerlok"	schwarz + Bild	21.09.1994	29.04.1995
	Märklin „Alpaufzug"	hellblau + Bild	13.05.1995	23.10.95
460 018-5	Danzas	gelb/blau	24.01.95	23.01.97
	Pepsi	blau	30.04.97	1997
460 019-3	Miele	rot/blau	August 95	15.09.96
460 020-1	Tilsiter Switzerland	weiss	15.09.95	11.10.97
460 021-9	ZVSM „Lovely" (Milch)	weiss	Okt. 95	08.10.96
	Kambly	weiss/Blautöne	16.04.97	1997
460 022-7	TCS	silber/rot/blau	29.02.96	28.01.97
460 023-5	Zürich Relax	weiss	16.05.96	15.05.97
460 032-6	SF DRS	weiss mit Pastellfarben	07.01.97	07.01.98
460 033-4	Ascom	weiss	06.09.96	05.09.97
460 034-2	Kanton Aargau	blau/schwarz	12.02.97	1997
460 035-9	SBB	rot + grüne Landkarte	01.08.97	01.08.97
460 036-7	SBB	rot + grüne Landkarte	01.08.96	01.08.97
460 037-5	Ajax / Palmolive	weiss + Bild	02.05.96	1997
460 056-5	SF DRS	weiss mit Pastellfarben	07.01.97	07.01.98
460 073-0	Tessiner Radio u. Fernsehn	weiss mit Signeten	Herbst 97	
460 074-8	SBB-Güterverkehr: „Wer hat die meisten Anhänger?"	mint mit weisser Schrift	Herbst 97	
460 084-7	Jubiläumslok	chrome	05.03.97	1997
	Rentenanstalt		1997	
460 114-2	Western Union Money Transfer	gelb/schwarz	August 1997	26.08.98

(Stand Oktober 1997)

Die weisse Re 460 023-5 warb mit dem Slogan „:relax" für die Zürich-Versicherungen. Bunte Hühner zierten die Stirnfronten und Seitenwände der Maschine.

Bild: Foto-Service SBB

fährt alle Touren von 1 bis 40 ab, und jede Lok wird auch auf allen Zugkategorien vom EuroCity bis zum Güterzug eingesetzt. Ausserdem wird darauf geachtet, dass die Werbeloks samstags und sonntags bevorzugt eingesetzt werden und nicht als Reserve im Depot bleiben. Dass die meisten Loks zur Zeit in Lausanne beheimatet sind, liegt an der Tatsache, dass von dort aus die grössten Wirtschaftszentren der Schweiz angefahren werden, nämlich Genf, Lausanne, Bern, Biel, Basel und Zürich, aber auch die Relation Brig – Iselle – Domodossola. Für manche Kunden sind nämlich diese Kurse ins Ausland interessant. Wenn ein Kunde zwei Loks hat, dann wird sicher eine in Zürich stationiert, wo sich zur Zeit 2 - 3 Werbeloks befinden. Aber auch in diesem Bereich sind die Kundenwünsche massgebend, eine einmal zugeteilte Lok kann jedoch nicht in ein anderes Depot umgeteilt werden.

Wie man aus der Aufstellung sieht, haben einige Loks während der Laufzeit das Sujet der Werbung gewechselt, z.B. die Märklin-Lok 460 017-7 oder die Ciba-Lok 460 016-9; andere Maschinen sind schon Werbeträger für verschiedene Firmen gewesen (Danzas und Pepsi, Ciba und ADtranz) oder auch wieder in ihr rotes Ursprungskleid zurückgekehrt (460 017-7 oder 460 019-3). Die meisten Farbschichten weisst wohl bisher Lok 460 016-9 auf: Abgeliefert wurde sie in roter Farbe, dann verkehrte sie als weisse Ciba-Lok, später als blaue Lok für die gleiche Firma, und als man sie auf die ADtranz-Werbung umspritzen wollte, musste die äusserst heikle Silbermetallic-Farbe dreimal aufgetragen werden.

Obwohl die Bern – Lötschberg – Simplon-Bahn auf ihren blauen Lokomotiven der Baureihe Re 465 eigentlich nur Eigenwerbung mit ihrem Kürzel „BLS" machen wollte, erschien am 24. April 1996 doch die Re 465 001-6 als Werbeträger für eine ihrer Erbauerinnen, nämlich die Schweizerische Lokomotiv- und Maschinenfabrik in Winterthur. Neben der Aufschrift „125 Jahre SLM" trägt die blaue Lok auch die Silhouette der Dampf-Zahnradlok Nr. 7 der Vitznau – Rigi-Bahn auf den Seitenwänden.

Palmolive / Ajax (mitte), offizieller Jubiläumspartner der SBB von 1997. Unten: Die Tilsiter-Werbelok im Bahnhof Brig.

Bilder: Foto-Service SBB (oben), Roger Haueter (unten)

Oben: Kurz nach der Station Leuk (Fahrtrichtung Lausanne) überquert die Werbelok „Zugkraft Aargau" mit dem Schnellzug 1541 Brig – Romanshorn die Rhone – Unten: Re 460 015-1, „Agfa", Wegbereiter aller Werbeloks.

Bilder: Heinz Sigrist (oben), Foto-Service SBB (unten)

9. Re 465 – eine Weltrekordlok

Re 465 008-1 mit InterCity bei Ausserberg (oben) sowie die Lok 005-7 bei Faulensee (unten).

Ab Mitte der Sechzigerjahre hat die BLS-Lötschbergbahn insgesamt 35 vierachsige Streckenlokomotiven vom Typ Re 4/4 (in Zukunft als Re 425 zu bezeichnen) in Serien von zwei bis neun Maschinen angeschafft, die 82 t wiegen und in Gleichrichtertechnik eine Leistung von rund 5 MW erbringen. Sie besitzen vier Motoren, die drehgestellweise parallel geschaltet sind; durch Optimierungen im Adhäsionsverhalten, die in den ersten Betriebsjahren dieser handbedienten Drehgestellokomotiven mit Spannungsvorgabe an den Fahrmotoren vorgenommen wurden, können die Loks einzeln bis 630 t bzw. bei Mehrfachtraktion in Vielfachsteuerung 650 t pro Fahrzeug auf den Steigungen von 27 ‰ am Lötschberg befördern. Obwohl diese Maschinen ihre Aufgaben zuverlässig und zur vollsten Zufriedenheit erfüllten, schaute sich die BLS Mitte der Achtzigerjahre nach einer Hochleistungslok mit Drehstromantrieb um, weil diese Antriebstechnik zu grossen Einsparungen im Unterhalt führt. Da Triebfahrzeuge in Umrichtertechnik zu diesem Zeitpunkt nur eine Leistung von etwa 4 MW erbringen konnten, nahm man zunächst

Bilder: Heinz Sigrist (oben), Foto-Service SBB (unten)

Anfahrt auf dem Kanderviadukt

Werte am Rad	Re 4/4 178	Re 460 005	Re 465 003
Adhäsionsgewicht	83,3 t	85,7 t	83,4 t
Mittlere Anfahrzugkraft bis Kurvenanfang	265 kN	270 kN	280 kN
Geschwindigkeit bei Kurvenanfang	15 km/h	17 km/h	19 km/h
Zugkraft im S-Bogen	184 kN	222 kN	195 kN
Geschwindigkeit nach 298 Sekunden (Erreichen der Streckengeschwindigkeit)	23 km/h	75 km/h	55 km/h
Durchschnittliche Beschleunigung über 5 Minuten	0,02 m/s2	0,07 m/s2	0,05 m/s2

Anfahrt in der Blauseekurve (Radius 300 m)

Werte am Rad	Re 4/4 178	Re 460 005	Re 465 003
Geschwindigkeit bei Einfahrweiche	10 km/h	20 km/h	23 km/h
Durchschnittliche Beschleunigung	0,016 m/s2	0,024 m/s2	0,048 m/s2
Mittlere Zugkraft in der Beschleunigungsphase	233 kN	239 kN	257 kN
Zugkraftschwankungen (gemittelt)	25 kN	25 kN	15 kN

von einer Bestellung Abstand. Als die SBB – wie bereits erwähnt – dem Konsortium aus BBC und SLM den Entwicklungsauftrag für eine „Lok 2000" erteilten, formulierte auch die BLS ihre Vorstellungen für ein neues Triebfahrzeug: vierachsige Universallok mit der Achsfolge Bo'Bo', Vielfachsteuerung für bis zu drei (ältere) Triebfahrzeuge, höhere Traktionsleistung als die Re 4/4 (auch bei schlechten Adhäsionsverhältnissen am Berg), höhere Geschwindigkeit (mindestens 90 km/h, möglichst 100 km/h) in den 300-Meter-Gleisbogen, Höchstgeschwindigkeit von mindestens 160 km/h, leistungsfähige Zugsammelschiene, die zur Heizung (800 kVA) bzw. zur Klimatisierung (500 kVA) von mindestens 16 Reisezugwagen ausreicht. Da zu diesem Zeitpunkt der Güterverkehr stagnierte und das vorhandene Fahrzeugmaterial ausreichte, wartete man aber noch weiter mit einer konkreten Bestellung.

Lok-Notstand

In der Fahrplanperiode 1989/90 nahm der Güterverkehr am Lötschberg einen derartigen Aufschwung, dass bisweilen keine Strecken-Triebfahrzeuge mehr verfügbar waren. Durch die für 1991 geplante Eröffnung des Güterbahnhofes Domodossola II, die für Mai 1992 vorgesehene Inbetriebnahme der durchgehenden Doppelspur am Lötschberg, die Leistungssteigerung beim Autoverlad Kandersteg – Goppenstein sowie beim Reiseverkehr, die geplante Bildung von lokbespannten Pendelzügen und die bevorstehende Ausrangierung von drei Ce 4/4 bzw. vier Ae 6/8 zeichnete sich ein weiterer Bedarf an modernen Streckenlokomotiven ab. Deshalb fanden im Herbst 1989 Gespräche zwischen der BLS und ABB/SLM statt, in denen die Wünsche der Bahngesellschaft und die Entwicklungsmöglichkeiten der Industrie innerhalb der geplanten kurzen Lieferfrist abgesteckt wurden. Dabei konkretisierte die BLS gegenüber den oben erwähnten Vorstellungen einige Anforderungen hinsichtlich des Gewichtes (max. 81 t), der Leistung (rund 7 MW am Rad), der Zugkraft (300 - 320 kN von 0 - 80 km/h), der Steuerung (Einzelachssteuerung in Umrichtertechnik auch wegen der grösseren Raddurchmessertoleranzen innerhalb eines Drehgestells), der Höchstgeschwindigkeit (230 km/h), der Fahrgeschwindigkeit im geplanten Lötschberg-Basistunnel (160 km/h bei einer Anhängelast von 650 t) und der Vielfachsteuerung (mit BLS-Re 4/4, -Ae 4/4 und -Ae 8/8 sowie mit SBB-Re 460, -Re 4/4 II, -Re 4/4 III, -Re 4/4 IV, -Re 6/6).

Es wurde auch ernsthaft geprüft, ob nicht eine Zweisystem-Lok, die ebenfalls auf dem Netz der Italienischen Staatsbahn FS von Domodossola nach Mailand verkehren kann, sinnvoll wäre; doch wäre eine solche Lok länger und schwerer geworden, um die zusätzliche Ausrüstung aufnehmen zu können, hätte deshalb die erwartete Leistung von 7 MW nicht mehr erbringen können und hätte einer zusätzlichen Entwicklungszeit von mindestens drei Jahren bedurft. Und so entschied sich die BLS dafür, eine vierachsige Einsystem-Lokomotive mit Einzelachssteuerung aus der Familie der „Lok 2000" zu beschaffen, und schrieb Mitte 1990 in einem 36seitigen Pflichtenheft ihre Anforderungen an die Lok, die wegen des neuen Antriebskonzepts Re 465 heisst, fest. Am 14. April 1991 wurde dann der Werkvertrag zur Lieferung von acht Re 465 von der BLS und dem Schweizer Konsortium aus ABB und SLM unterschrieben.

Erfolgreiche Inbetriebnahme

Knapp dreieinhalb Jahre nach Vertragsabschluss, nämlich am 5. September 1994, legte die Re 465 001-6 die ersten 200 Meter auf dem Werkgleis des ABB-Traktionsmontagewerkes Tramont in Zürich-Oerlikon mit einer Geschwindigkeit von 40 km/h zurück, wobei alle

75 Jahre Entwicklungsgeschichte zwischen der ältesten noch betriebsfähigen und der jüngsten E-Lok der BLS.

Bild: ADtranz

Oben: Der Schnellzug 1930 Brig – Genève war am 22. Februar 1997 mit der BLS-Maschine Re 465 008-1 bespannt, das Foto entstand bei Yvorne – Unten: drei 465er im ADtranz-Werk Tramont.

Bilder: Heinz Sigrist (oben), ADtranz (unten)

vier Motoren eingeschaltet waren. Bereits einen Tag später gab es die erste Testfahrt in Vielfachsteuerung mit der SBB-Re 460 079-7 ebenfalls auf dem Werkgleis. Und am 22. September folgte nach erfolgreicher Werkabnahme des elektrischen (20.09.) und des mechanischen Teils (21.09.) eine Testfahrt von Zürich Seebach aus durch das Furttal in den Rangierbahnhof Limmattal, wobei die SBB-Re 4/4 II 11385 als sogenannte „Angstlokomotive" mitgeschleppt, aber nicht benötigt wurde. Diese Doppeltraktion ermöglichte es jedoch, die Grundfunktionen einer Vielfachsteuerung zwischen einer BLS-Re 465 und einer SBB-Re 4/4 II mit einem positiven Ergebnis zu testen.

Im folgenden wurde die Lok in Zürich Depot F und in Zürich GB gewogen, und das Gewicht im Neuzustand lag bei 83 t. Bremsversuchsfahrten zeigten ein Bremsverhältnis von 135 %, und ausser Schutzabschaltungen – einer der typischen „Kinderkrankheiten" bei der Inbetriebsetzung – gab es keine Probleme. Im Oktober unternahm die Re 465 001-6 Probefahrten auf den Strecken Zürich Seebach – Rangierbahnhof Limmattal – Zürich GB – Sargans – Romanshorn – Winterthur – Zürich Seebach, damit die Antriebsstromrichter-Regelung optimiert werden konnte. Es folgten Fahrten in die Ostschweiz, um die gemischte Vielfachsteuerung mit SBB-Re 4/4 II und -Re 6/6 sowie mit BLS-Re 4/4, -Ae 4/4 und -Ae 8/8 zu testen. Am 19. Oktober konnte die Lok auf der Strecke Wädenswil – Burghalden der Südostbahn, die eine Neigung bis 50 ‰ aufweist, mit Erfolg eine Last von 523 t auf trockenen Schienen anfahren und beschleunigen. Da auch die anderen Lastprobe- und Abnahmefahrten erfolgreich verliefen, erhielt die Lok am 21. Oktober 1994 die Kollaudation durch das Bundesamt für Verkehr und führte am gleichen Tag noch eine Testfahrt in Vielfachsteuerung mit einem SBB-NPZ durch, der den Triebwagen RBDe 4/4 2170 und den Steuerwagen Bt 29-34 957 hatte. Am 4. November wurde die Lok als Extrazug von Zürich Seebach nach Spiez überführt und dort auf den Namen „Simplon / Sempione" getauft. Zwei Tage später verkehrte sie alleine mit EC-, IC- und Schnellzügen am Lötschberg, und am 10. November hatte sie ihren ersten Einsatz mit einem Autopendelzug zwischen Kandersteg und Goppenstein. Etwa zur gleichen Zeit durchlief Re 465 002-4 die Inbetriebnahme, und Re 465 003-2, die den Namen „Jungfraujoch - Top of Europe" trägt, wurde von 28. September bis 2. Oktober bei einer Modelleisenbahn-Ausstellung in Bern gezeigt, bevor man sie zu den restlichen Inbetriebsetzungs-Arbeiten wieder nach Zürich brachte.

Testfahrten im Berner Oberland

Nach weiteren Verbesserungen bei der Vielfachsteuerung und Diagnose sowie gewissen Anpassungen bei der Adhäsionsregelung konnte die erste Re 465 noch vor Weihnachten 1994 für den Einsatz in Regelzügen ohne irgendwelche Einschränkungen und technische Begleitung zugelassen werden. Nachdem Re 465 002-4 die obligatorischen Zulassungsfahrten absolviert hatte, wurde sie bei SLM Winterthur als Messlokomotive für die Adhäsionsoptimierung verkabelt, mit dem BLS-Autozug-Steuerwagen BDt 942, der als Messwagen eingerichtet ist, fest verbunden und am 12. Januar 1995 nach Spiez überführt. Es folgten vor allem auf der Lötschberg-Nordrampe die praktischen

Versuchsfahrten zur Optimierung des Adhäsionsverhaltens, die im Raume Frutigen – Kandersteg stattfanden, etwa einen Monat dauerten und bei denen die Re 465 001-6 und eine Re 460 der SBB als Bremslokomotiven dienten. Diese Versuche, die wegen eines Felssturzes zwischen Kandergrund und Blausee für etwa eine Woche unterbrochen werden mussten, waren notwendig, weil die Re 465 andere Fahrmotoren und deshalb andere Schwingungsformen im Antriebsstrang als die Re 460 der SBB hat, so dass die Einstellwerte für die Re 460 nicht ohne weiteres zu übernehmen sind. Weitere Versuchsfahrten, und zwar solche am „schwachen Netz" fanden auf der Strecke Spiez – Zweisimmen statt, die zu diesem Zweck im Inselbetrieb nur von dem Umformer in Wimmis gespeist und durch eine provisorische Schutzstrecke bei Spiez vom übrigen Netz getrennt wurde.

Bei der Re 465 003-2, deren Übernahme im März 1995 erfolgte, waren sämtliche Verbesserungen, die sich im Verlaufe der Testfahrten von den beiden anderen Loks ergeben hatten, bereits von Anfang an installiert. Damit wurden dem Lokomotiv- und Werkstättenpersonal einwandfreie Maschinen mit hoher Betriebszuverlässigkeit und genauer Störungsdiagnose zur Verfügung gestellt. Parallel zu den Testfahrten fanden im ABB-Werk in Zürich-Oerlikon die Typenversuche für die Re 465 statt, die im März und April 1995 noch durch die Streckenversuche ergänzt werden mussten. Für Schnellfahrten mit Geschwindigkeiten bis 140 km/h wurde am 16. Februar die SBB-Strecke zwischen Leuk und Visp benutzt.

Im Rahmen der Messfahrten zur Optimierung des Adhäsionsverhaltens führte die BLS am 29. März 1995 Vergleichsfahrten mit der Re 4/4 178 der BLS/GBS, der Re 460 005-2 der SBB und der Re 465 003-2 der BLS durch. Sie fanden an den bekannten BLS-Anfahrstellen mit 27 ‰ Steigung beim Kanderviadukt und in der Blauseekurve statt. Der Versuchszug bestand aus der jeweiligen Vergleichslok, der Re 465 002-4 im Schlepp, dem BLS-Messwagen BDt 942,

Lastprobe mit drei Re 465 der BLS und einer Re 4/4 II der SBB in Vielfachsteuerung auf dem 285 m langen Kanderviadukt.

Bild: Joël Bessard

Übername und Taufe der Re 465-Lokomotiven

Betriebsnr.	Übernahme	Taufname	Taufdatum	Ort
465 001-6	04.11.94	Simplon/Sempione	04.11.94	Spiez
465 002-4	01.05.96	Gornergrat	13.05.95	Brig
465 003-2	17.03.95	Jungfraujoch	28.09.94	Bern
465 004-0	13.04.95	Saas Fee / Mittelallalin	13.05.95	Brig
465 005-7	26.04.95	Niesen	23.09.95	Mülenen
465 006-5	12.05.95	Lauchernalp	13.01.96	Goppenstein
465 007-3	24.05.95	Schilthorn	10.10.95	Luzern VHS
465 008-1	09.06.95	Niederhorn	14.06.96	Thun
465 009-9	29.11.96			
465 010-7	19.12.96			
465 011-5	23.01.97			
465 012-3	28.02.97	Euro Tunnel	11.06.97	Kandersteg
465 013-1	17.04.97	Stockhorn	15.08.97	Erlenbach
465 014-9	23.05.97			
465 015-6	07.05.97	La Vue-des-Alpes	28.06.97	La Chaux de Fonds
465 016-4	19.06.97	Centovalli	17.09.97	Locarno
465 017-2	25.06.97			
465 018-0	31.07.97			

Stand: August 1997

elf leeren Kippwagen vom Typ Fans-u und den beiden anderen Vergleichsloks im Schlepp, hatte also ein Gesamtgewicht von 617 - 620 t. Die Ergebnisse sind auf Seite 110 tabellarisch zusammengefasst.

BLS-Mietloks

Anfang 1995 stimmte der SBB-Verwaltungsrat der Anschaffung von zehn Lokomotiven des Typs Re 465 mit einer späteren Vermietung an die BLS Lötschbergbahn zu und bewilligte dafür einen Betrag von 67,89 Mio. Franken, der zulasten des Kredits für den Huckepack-Korridor Lötschberg – Simplon gehen sollte. Zwar hatte der Bundesrat bereits 1989 beschlossen, den Huckepack-Transitverkehr durch die kurzfristige Realisierung von zwei Korridoren zu fördern, doch konnte zunächst nur die Achse über den Gotthard realisiert werden, woraus ja auch die Bestellung von 75 Huckepack-Lokomotiven vom Typ Re 460 resultierte. Für den Huckepack-Korridor am Lötschberg – Simplon waren so umfangreiche Machbarkeitsstudien erforderlich, dass die beteiligten Bahnen BLS und SBB erst Ende 1993 den Auftrag erhielten, diesen Korridor, der den Transport von Lastwagen mit einer Eckhöhe von 4 m erlauben sollte, zu realisieren. Nach den ursprünglichen Planungen durften die 4-Meter-Huckepackzüge wegen des absoluten Kreuzungsverbotes im Lötschbergtunnel nur in der Nacht verkehren, was die Beschaffung von 19 zusätzlichen Lokomotiven nötig gemacht hätte; aufgrund weiterer Studien ergab sich eine technisch vorteilhaftere Lösung zur Gleisverlegung im Lötschbergtunnel, so dass auch tagsüber solche Huckepackzüge verkehren, die sieben geplanten Zugpaare besser über den ganzen Tag verteilt werden könnten und nur noch zehn neue Loks nötig wären. Um Fahrzeuge und Personal möglichst effizient einsetzen zu können, bemühen sich BLS und SBB schon seit einiger Zeit um

Diese Grafik zeigt das Längsprofil der Strecke Brig – Bern. Zwischen Bern und dem Kulminationspunkt im Lötschbergtunnel wird ein Höhenunterschied von 699 m zurückgelegt. Die grösste Neigung beträgt 27 ‰, der kleinste Radius 280 m.

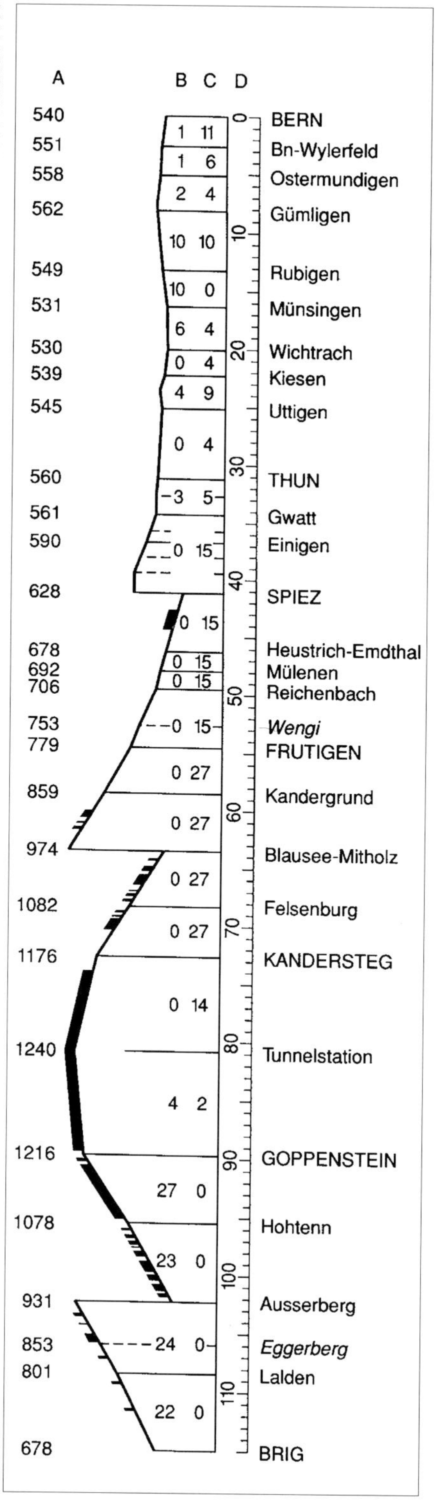

einen intensiven Triebfahrzeugdurchlauf auf der Relation Basel – Bern – Thun – Brig – Domodossola, wobei die Lokführer regelmässig auch Fahrzeuge der jeweils anderen Bahn fahren.

Da die Führung von schweren Güterzügen auf Bergstrecken häufig die Beistellung weiterer Triebfahrzeuge nötig macht, muss die Vielfachsteuerung der eingesetzten Lokomotiven technisch vollständig kompatibel sein. Während die SBB wegen der grossen Stückzahl der Re 460 auf eine „gemischte" Vielfachsteuerung mit älteren Maschinen verzichteten, wünschte die BLS ausdrücklich diese Möglichkeit, da gerade auch bei den durchgehenden Güterzügen eine gemischte Doppeltraktion aus Re 4/4 und Re 465 Betriebsalltag werden sollte. Damit war klar, dass für den Huckepack-Korridor am Lötschberg – Simplon weitere Re 465 bestellt würden, damit keine zusätzlichen Entwicklungskosten für angepasste Re 460 aufgewendet werden müssten. Ausserdem wären die Ersatzteilbeschaffung und der Unterhalt, der auch für diese Lokomotiven durch die BLS erfolgen würde, kostengünstiger.

Im Mai 1995 wurden die Typenversuche mit der Re 465 erfolgreich abgeschlossen, ausserdem fanden weitere Adhäsionsoptimierungen auf der Lötschberg-Nordrampe zwischen Frutigen und Kandersteg sowie Testfahrten mit Geschwindigkeiten bis 160 km/h zwischen Bern und Thun statt. Vom Fahrplanwechsel am 28. Mai 1995 standen die abgelieferten Re 465 hauptsächlich in sieben Diensten auf der Achse Bern – Domodossola im Einsatz, während die Re 465 002-4 noch für Messfahrten vorgehalten wurde. Die Re 465 008-1 kam als letzte Lok der ersten Serie im Juni 1995 zur Ablieferung.

Grafik: ADtranz/BLS

Einsatz am Lötschberg

Im November 1996 begann die Ablieferung der zweiten Serie von Re 465, den „Huckepack-Lokomotiven" dieser Baureihe, die bereits werkseitig für den Pendelzug-Betrieb ausgerüstet sind, während die erste Serie noch nachgerüstet werden muss. Im Sommer 1997 wurde mit der Re 465 018-0 die letzte Maschine der zweiten Serie in Betrieb genommen. Dass die Loks der zweiten Serie den SBB gehören, erkennt man weder an der Betriebsnummer noch an irgendeinem Hinweis auf dem Lokomotivkasten.

Wie bei den SBB wurden auch die BLS-Maschinen getauft. Neben dem Loknamen ziert teilweise auch ein Wappen oder ein Signet das Fahrzeug.

Da sich der Huckepack-Korridor über den Lötschberg verzögert, haben die BLS zur Zeit (Stand: Sommer 1997) nur die Loks 009 und 010 von den SBB geleast; deshalb ist geplant, dass die beiden Serien „ausgetauscht" werden: die BLS verfügen (zunächst) über den Einsatz der zehn Maschinen 009 - 018 und die SBB über die Loks 001 - 008. Dieser Tausch ist eher von administrativer Bedeutung, da sämtliche Loks der Baureihe Re 465 auch weiterhin technisch von der BLS betreut werden. Ausserdem besteht augenblicklich ein gemeinsamer Dienstplan von BLS und SBB mit insgesamt 13 Diensten, die hauptsächlich Güterzüge auf der Relation Basel – Domodossola umfassen. Seit dem Fahrplanwechsel 1997 sind keine BLS-465er mehr für Personenzüge auf SBB-Strecken (Jura-Südfuss-Linie) eingeteilt. Da die Anhängelasten für Re 460 und Re 465 gleich sind, haben die meisten Unterschiede der Baureihen für den täglichen Einsatz keine Bedeutung.

Bild: Bruno Hitz

An der „Rail-Show" in Lausanne Triage vom 15. Juni 1997 war die vorgestellte Re 465 014-9 ein vielfotografiertes Objekt.

Unterschiede zwischen Re 460 und 465

Ein wichtiger Unterschied zwischen der Re 460 der SBB und der Re 465 von BLS und SBB, der auch für den Betrieb bedeutsam ist, wurde bereits angesprochen, nämlich die Möglichkeit der 465er, mit einer Vielzahl anderer Fahrzeuge in Vielfachsteuerung zu verkehren: mit den BLS-Re 4/4, -Ae 4/4 und -Ae 8/8, mit den SBB-Re 4/4 II, -Re 4/4 III und -Re 6/6 sowie den Triebwagen SBB-RBe 4/4 und -RBDe 4/4 (Neue Pendelzüge), den SOB-Re 446 445- 448 (ehemalige SBB-Re 4/4 IV), der Re 4/4 II Nr. 21 und den Triebwagen ABDe 536 611 - 616 der Mittelthurgaubahn (MThB), den Re 4/4 III Nr. 111 - 113 der Emmental – Burgdorf – Thun-Bahn, der Re 4/4 III Nr. 181 der Solothurn – Münster-Bahn, der Re 4/4 III Nr. 141 der Vereinigten Huttwil-Bahnen, den Triebwagen ABDe 4/4 Nr. 6 - 9 der Martigny – Orsières-Bahn (MO) sowie den Triebwagen BDe 4/4 Nr. 1 - 2 der Wohlen – Meisterschwanden-Bahn (WM), die inzwischen ihren Betrieb eingestellt hat.

Der Hauptunterschied zwischen den Baureihen liegt aber im neuen Antriebs-

Bei Bützberg wurden die beiden in Doppeltraktion verkehrenden Re 465 012-3 und 015-6 angetroffen – unterwegs mit einem Güterzug von Basel nach Domodossola II.

konzept der Re 465, durch das die Maximalleistung am Rad um ca. 15 % gesteigert werden konnte. Die Tatsache, dass bei der Re 465 die selektive Fahrmotoranspeisung statt der drehgestellweisen (wie bei der Re 460) gewählt wurde, hat Auswirkungen auf den gesamten Hauptstromkreis. So gehört bei der Re 465 zu jedem Fahrmotor ein Antriebsstromrichter, und während für die Umrichter der SBB-Loks eine Dreipunktschaltung mit dreipoligem Zwischenkreis (3500 V) gewählt wurde, wodurch die gesperrten GTO-Thyristoren und Leistungsdioden nur mit der halben Zwischenkreisspannung beansprucht werden, besitzen die BLS-Loks eine Zweipunktschaltung, bei welcher im Sperrzustand die volle Gleichspannung des Zwischenkreises von 2800 V an den Leistungshalbleitern liegt. Beide Baureihen verfügen über die gleichen GTO-Thyristoren mit 4,5 kV Sperrspannung und 2,5 kA Abschaltstrom, doch werden die Thyristoren bei den 465ern durch gewisse Optimierungen besser ausgenützt. Und durch diese bessere Ausnützung liess sich einerseits die Leistung der Lok (auf 7000 kW Maximalleistung am Rad bzw. 6400 kW Dauerleistung an der Welle) erhöhen, andererseits war die Absenkung der Zwischenkreisspannung von 3500 auf 2800 V zwingend notwendig, was den Nachteil mit sich brachte, dass die 465er nicht mehr zu einer Zweisystemlok weiterentwickelt werden können. Denn die Zwischenkreisspannung von 3500 V bei der Lok 2000 ermöglicht eine Direkteinspeisung aus einer Fahrleitung mit Gleichspannung von 3 kV bei gewissen Anpassungen. Aufgrund der tieferen Zwi-

Bild: Heinz Sigrist

Technische Unterschiede Re 460 / 465

	Re 465	Re 460
Inbetriebnahme	1991 - 1996	1994 - 1997
Achsanordnung	Bo'Bo'	Bo'Bo'
Dienstmasse	84 t	82 t
Höchstgeschwindigkeit	230 km/h	230 km/h
Länge über Puffer	18500 mm	18500 mm
Drehgestell-Mittenabstand	11000 mm	11000 mm
Drehgestellradstand	2800 mm	2800 mm
Triebraddurchmesser (neu)	1100 mm	1100 mm
Anhängelast	650 t	650 t
- bei Steigung von	27 ‰	27 ‰
- bei Geschwindigkeit von	80 km/h	100 km/h
Maximalleistung (Welle)	6240 kW	7200 kW
Maximalleistung (Rad)	6100 kW	7000 kW
grösste Zugkraft (Rad)	300 kN	32o kN
- bei Geschwindigkeit von	76 km/h	79 km/h
Dauerleistung (Welle)	4800 kW	6400 kW
Dauerleistung (Rad)	4700 kW	6270 kW
Dauerzugkraft	194 kN	242 kN
- bei Geschwindigkeit von	88 km/h	93 km/h
Traktionsdauerleistung des Transformators	4500 kVA	4000 kVA
maximale Traktionsleistung des Transformators	8360 kVA	9195 kVA
Gesamt-Dauerleistung des Transformators	5350 kVA	5200 kVA
maximale Gesamtleistung des Transformators	9450 kVA	10700 kVA
Transformator-Traktionssekundärwicklungen	4	6
Zwischenkreisspannung	3500 V	2800 V
Schaltungstechnik der Traktionsstromrichter	Dreipunkt	Zweipunkt
Wechselrichter pro Drehgestell	1	2
Anzahl GTO-Thyristoren	60	52
Anzahl Leistungsdioden	88	56
Anzahl Leistungshalbleiter	148	108
Antriebssteuerung	DG-weise	achsweise
mittlere Taktfrequenz		
- der Antriebsstromrichter	143 Hz	250 Hz
- der Netzstromrichter	183 Hz	183 Hz
Fahrmotor-Polzahl	4	6

Quelle: ADtranz

schenkreisspannung und der höheren Leistung sind bei der Re 465 netzseitig drei Umrichter parallelgeschaltet, weshalb der Transformator auch sechs Traktions-Sekundärwicklungen aufweist. Dafür ist die Zahl der Halbleiter erheblich kleiner (104 statt 148 bei der Re 460). Durch die selektive Fahrmotoranspeisung kann nicht nur das Drehmoment jedes einzelnen Motors optimal eingestellt, sondern auch der Schleuderschutz achsweise betätigt werden. Trotz dieser Veränderungen konnte dank Verminderung des Gewichtes von einzelnen Bauteilen (z.B. vom Transformator, den Kondensatoren oder den Umrichtern) das Gesamtgewicht der Lok von 84 auf 82 t reduziert werden.

Weniger Masse trotz höherer Leistung also, damit darf die Re 465 einen Weltrekord für sich verbuchen. Sie gilt als derzeit stärkste in Serie gebaute vierachsige Mehrzweck-Streckenlokomotive der Welt.

Ein dritter Unterschied besteht bei der Programmierung des Leitsystems MICAS-S2: Wenn nicht die volle Zug- oder Bremskraft der Lok benötigt wird, erfolgt (ausser im Anfahrbereich) automatisch die Umschaltung von vier Motoren in beiden Drehgestellen auf nur noch zwei in einem Drehgestell; dabei läuft das andere Drehgestell leer mit, und dessen Motoren sind jederzeit betriebsbereit.

Wie man aus den technischen Beschreibungen erkennt, brauchen die modernen Lokomotiven zur Steuerung eine Fülle von elektronischen Komponenten, deren Empfindlichkeit auf Temperaturschwankungen und Rauchentwicklung grösser ist als die der elektromechanischen Schaltungen, die bisher verwendet wurden. Da jeder durch einen Brand bedingte Defekt dieser Elektronik die Funktionstüchtigkeit der Lokomotive und damit den reibungslosen Ablauf des öffentlichen Verkehrs gefährdet, da bei einem Brand aber auch die Metall- und Kunststoff-Strukturen der Lok in Mitleidenschaft gezogen werden dürften und zudem toxische Gase auftreten könnten, entschloss sich die BLS, den Maschinenraum der Re 465 mit einem automatischen Brandmeldesystem auszurüsten. Denn Überhitzungen und Brände können trotz der vorhandenen Überwachungsanlagen z.B. an den hydraulischen und elektrischen Anlagen entstehen, aber auch durch überlastete Kabel, Explosionen von Schaltern oder durch Schmutzablagerungen.

Eine Brandschutzanlage für Lokomotiven muss – anders als eine entsprechende Anlage in einem ortsfesten Gebäude – raschen Veränderungen der klimatischen Gegebenheiten, Erschütterungen, elektromagnetischen Störungen u.ä. Rechnung tragen. Ausserdem wird die Luft im Maschinenraum bis zu viermal in der Minute umgewälzt, was gleichfalls Auswirkungen auf das Funktionieren des Brandmeldesystems hat. Um all diese Schwierigkeiten lösen zu können, wurde ein Luftproben-Rauchmeldesystem mit hochempfindlichen optischen Streulicht-Rauchmeldern ausgewählt: Im Maschinenraum befindet sich ein überwachtes Absaugrohr in Form einer Ringleitung, das je nach dem örtlichen Brandrisiko mehr oder weniger Absauglöcher aufweist. Ein Radiallüfter saugt nun ständig durch diese Löcher Luft an und führt sie an zwei optischen Streulicht-Rauchmeldern vorbei, die unabhängig voneinander arbeiten. Übersteigen die Rauchspuren ein vorgegebenes Mass, lösen die Melder Alarm aus, und auf dem Display im Führerstand erscheint die Meldung „Brandwarnung", „Brandalarm" oder „Störung". Neben der Gefahrenmeldung erscheint auch im Klartext die darauf mögliche Reaktion; das System schaltet jedoch nicht automatisch die Lokomotive ab, sondern dieser Entscheid obliegt stets dem Lokführer, damit die Maschine nicht an einer ungeeigneten Stelle, z. B. in einem Tunnel, stehen bleibt. Allerdings hat das System in schweren Fällen die Möglichkeit, die Cerexen-Löschanlage, ein Trockenlöschsystem mit Naturgasen als Löschmittel, auszulösen. Schliesslich kann der Lokführer die Alarm- oder Störungsmeldungen zwar im Führerstand quittieren, aber nicht zurückstellen, wodurch in jedem Falle sichergestellt wird, dass er den Maschinenraum wirklich kontrolliert, da die Rückstellung ausschliesslich am entsprechenden Detektionsgerät im Maschinenraum möglich ist.

10. Aus der Lok 2000-Familie

Die Lok 2000 setzt den Standard für eine neue Ära. Sie überzeugt nicht nur durch ihr aerodynamisch gelungenes und zugleich formschönenes Design, sondern auch durch perfekte Technologie. So hat das Triebfahrzeug aus der Schweiz auch im Ausland grosses Aufsehen erregt. Verschiedene Bahngesellschaften aus der ganzen Welt interessierten sich für eine massgeschneiderte Lok 2000.

Re 465 für den arktischen Winter

Nach einer internationalen Ausschreibung konnte sich das Schweizer Konsortium aus ABB und SLM, das um ABB Signal OY in Helsinki erweitert wurde, gegen starke europäische Konkurrenz durchsetzen und im Mai 1992 von den Finnischen Staatsbahnen VR Ltd. den Auftrag entgegennehmen, 20 Universallokomotiven Sr2 für den Personen- und Güterverkehr vom Typ „Lok 2000", einer Weiterentwicklung der Re 465, zu bauen. Dabei kam den Firmen zugute, dass die Re 460 eine der technischen Bedingungen, die die Bahngesellschaft an die neuen Loks stellte, in der Klimakammer schon unter Beweis gestellt hatte, nämlich ihre Kältetauglichkeit. Denn im strengen finnischen Winter müssen die Loks Temperaturen bis -40°C standhalten. Auch hinsichtlich der Zuverlässigkeit waren die Finnen sehr anspruchsvoll: Pro eine Million Kilometer Laufleistung dürfen maximal fünf Ausfälle vorkommen. Wenn also jährlich 200 000 Ki-

Bild: SLM

Die finnische Variante der Lok 2000 steht seit November 1995 im Einsatz und muss der arktischen Kälte von bis zu -40°C trotzen können.

Die wichtigsten Daten der Typenfamilie „Lok 2000" im Vergleich

	Schweiz	Finnland	Norwegen	Hongkong
Bahngesellschaft	SBB	VR	NSB	KCRC
Typenbezeichnung	Re 460	Sr2	EL 18	KCR
Stückzahl	119	20	22	2
Spurweite	1435 mm	1524 mm	1435 mm	1435 mm
Höchstgeschwindigkeit	230 km/h	230 km/h	200 km/h	160 km/h
Spannung	15 kV	25 kV	15 kV	25 kV
Frequenz	16,7 Hz	50 Hz	16,7 Hz	50 Hz
maximale Leistung	6100 kW	6000 kW	5880 kW	5500 kW
Gewicht	84 t	82 t	85,2 t	84 t
Einspeisung	DG-weise	achsweise	achsweise	achsweise
Zugkraft	275 kN	300 kN	275 kN	275 kN
Achsfolge	Bo'Bo'	Bo'Bo'	Bo'Bo'	Bo'Bo'
Führerstandsanordnung	links	rechts	rechts	rechts
Länge	18500 mm	18500 mm	18500 mm	18696 mm
Breite über alles	3000 mm	3000 mm	3000 mm	3000 mm
Höhe über SOK	4310 mm	4310 mm	4310 mm	4310 mm
Abstand Drehgestelle	11000 mm	11000 mm	11000 mm	11000 mm
Drehgestell-Radstand	2800 mm	2800 mm	2800 mm	2800 mm
Raddurchmesser (neu)	1100 mm	1100 mm	1125 mm	1125 mm
Raddurchmesser (abgef.)	1030 mm*	1030 mm	1090 mm*	1055 mm

Anmerkung: Bei der Re 460 der SBB und der EL 18 der NSB handelt es sich um den Raddurchmesser in halbabgefahrenem Zustand (*).

Quelle: Typenblätter ADtranz

lometer von den Loks zurückgelegt werden, ist dies nur ein Ausfall im Jahr – eine hohe Anforderung. Die kommerziellen Bedingungen sahen vor, dass die Drehgestelle und Teile der elektrischen Ausrüstung aus der Schweiz kommen, während die Produktion der Lokomotivkästen und die Endmontage in Finnland erfolgen, so dass rund 50 % der Fertigungsarbeiten im Land vonstatten gehen. Diese Bedingungen werden verständlich, wenn man bedenkt, dass Finnland eine hohe Arbeitslosenquote und zudem Devisenprobleme hat. Schliesslich mussten sich die beiden Schweizer Firmen dazu verpflichten, die Instruktionshandbücher in finnischer Sprache zu verfassen und die Instruktionen der Lokomotivführer und zuständigen Werkstätten-Mitarbeiter ebenfalls in der Landessprache vorzunehmen. Im Unterschied zu den Schweizer Loks besitzen die finnischen keine Permanent-Magnetschienenbremse, und die Ausrüstung der Führerstände ist jeweils in Fahrtrichtung rechts angeordnet.

22 Lokomotiven nach Norwegen

Auch in Norwegen konnte sich ein Konsortium aus ABB Strömmens (Norwegen), ABB Verkehrssysteme AG Zürich und SLM Winterthur nach einer internationalen Ausschreibung gegen einen Konkurrenten aus Frankreich und zwei aus Deutschland (Eurosprinter sowie 12X) durchsetzen und nach weiteren Abklärungen am 2. September 1994 den Auftrag zur Lieferung von 22

elektrischen Universallokomotiven aus der Familie der „Lok 2000" erhalten, die im schweren Express-, Nacht-, Intercity- und Güterverkehr mit Reisezügen von 400 bis 600 t sowie Güterzügen von 800 bis 1200 t eingesetzt werden sollen. Von dem Grossauftrag, der ein Gesamtvolumen von rund 140 Mio. Franken hat, entfallen 30 % auf ABB Strömmens (Bau der Lokomotivkästen nach Zeichnungen von SLM und Endmontage), 45 % auf ABB Zürich (elektrischer Teil) und 25 % auf SLM Winterthur (Drehgestelle, Motoren, Technik des mechanischen Teils). Dass die Wahl auf die Schweizer Lokomotiven fiel, liegt sicher auch daran, dass sich zwei (angepasste) Re 460, 460 055-7 und 460 066-4, in einem sechsmonatigen Probeeinsatz sowohl mit schnellen Intercity-Zügen als auch im schweren Güterverkehr bestens bewährt hatten, auch unter widrigen Umständen im Winter. Ausserdem entspricht das Laufwerk der Re 460, das für kurvenreiche Strecken ausgelegt ist, den Anforderungen in Norwegen. Beispielsweise bestehen 10 % der 550 km langen Strecke von Oslo nach Trondheim aus Kurven mit Radien von weniger als 300 Metern, und es gibt Höhenunterschiede von 1000 bis 1222 Metern mit Steigungen bis 21,5 ‰. Im Winter herrschen Temperaturen bis -40°C, in Ausnahmefällen sogar bis -50°C. Der elektrische Teil der norwegischen Loks entspricht

Ein halbes Jahr stand die Re 460 055-7 mit den montierten Schneeräumern in Norwegen im Einsatz. Daraus resultierte die Serienbestellung.

Bilder: SLM (oben), ADtranz (mitte)

Rund einen Monat waren die beiden Hongkong-Loks auf einem Containerschiff unterwegs. Das Bild zeigt die Verschiffung in Basel.

eher der Re 465, sie besitzen jedoch wie die finnischen Triebfahrzeuge keine Permanent-Magnetschienenbremse, und die Führerstände sind in Fahrtrichtung rechts angeordnet. Eine Besonderheit der El 18 stellen die grossen, ins Auge stechenden Bahnräumer dar, mit denen auch die beiden Probeloks ausgerüstet waren. Des weiteren verfügen die norwegischen „Lok 2000" über eine externe Möglichkeit zur Energieversorgung, weil die NSB die Maschinen zwischen zwei Einsätzen auch bei arktischen Temperaturen betriebsbereit im Freien stehen lassen wollen, wobei jedoch aus Sicherheitsgründen die Loks nicht mehr als zwei Stunden mit gehobenen Pantographen und eingeschaltetem Hauptschalter abgestellt sein dürfen. Deshalb ist über die Zugsammelschiene eine externe Energieeinspeisung möglich, womit z.B. die Bordnetzumrichter oder die

Einige NSB-Lokomotiven seit 1951 im Vergleich mit der Lok 2000

	El 11	El 13	El 14	El 16	El 18 (Lok 2000)
Baujahre	1951-64	1957-66	1968-73	1977-84	1996-97
Achsanordnung	Bo'Bo'	Bo'Bo'	Co'Co'	Bo'Bo'	Bo'Bo'
Dienstmasse	62,0 t	72,0 t	105,0 t	80,0 t	85,2 t
Höchstgeschwindigkeit	105 km/h	100/115 km/h	120 km/h	140 km/h	200 km/h
Grösste Zugkraft	140 kN	162 kN	350 kN	328 kN	275 kN
Grösste Leistung	1676 kW	2648 kW	5082 kW	4440 kW	5880 kW
Elektrische Bremse	keine	keine	Widerstände	Widerstände	Rekuperation
Grösste Bremsleistung	–	–	1620 kW	2400 kW	frei programmierbar

Bild: SLM

Lok 2000-Komponenten für Indien

Auch für die elf Schnellzug- (WAP 5) und sechs Güterzuglokomotiven (WAG 9), die zwischen Juli 1995 und März 1996 an die Indian Railway geliefert wurden, kamen elektrische Komponenten der Lok 2000 zur Verwendung. Die Leittechnik MICAS-S2, für die Re 460 entwickelt, erlaubt, mit geringem Aufwand in der Software, die individuellen Anforderungen und Kundenwünsche zu erfüllen. Dies war im Falle des Indien-Projekts besonders wichtig. Die in Melbourne/Australien gefertigten Lokomotivkasten trafen teilweise auf dem Luftweg mit Antonow-Cargoplane Transportmaschinen in Zürich-Kloten ein. Eine 79 t schwere WAP 5-Lokomotive erbringt die maximale Leistung von 4000 kW und eine Höchstgeschwindigkeit von 160 km/h.

Nachdem die ersten sechs WAG 9-Loks in der Schweiz komplett montiert wurden und weitere 16 Exemplare in Bausätzen nach Indien geliefert werden konnten, begannen die Chittaranjan Locomotive Works (CLW) mit dem Eigenbau von weiteren neun Maschinen des Typs WAG 9.

Heizkreise versorgt werden. Denn die Leittechnik darf nicht zu tief abkühlen und ist deshalb mit 220-V-Heizelementen ausgerüstet. Schliesslich sind die Loks auch mit dem Brandschutzsystem der Re 465 ausgestattet.

Re 465 für Hongkongs Prestige-Zug

Nach dem Motto „Aller guten Dinge sind drei" konnte das Konsortium aus ABB und SLM in der ersten Hälfte des Jahres 1997 zwei Loks aus der Familie „Lok 2000" für die Kowloon – Canton Railways Corporation nach Hongkong liefern, wo die Loks mit doppelstöckigen Intercity-Zügen zwischen Kowloon, Hongkong und Guangzhou (China) eingesetzt werden. Die beiden Loks legten ihren langen Weg in mehreren Etappen zurück: Am 10. bzw. 11. April 1997 wurden sie vom Herstellerwerk in Zürich-Oerlikon mit einer Ae 6/6 bzw. einer Re 4/4 III nach Basel geschleppt, wobei die automatische Kupplung und die andere Stromart (Einphasenwechselstrom 35 kV/50 Hz) ein ungebremstes Schleppen mit maximal 80 km/h erforderlich machten. Am 15. April verlud man beide Loks in Birsfelden Hafen auf ein Rheinschiff, das die Maschinen nach Rotterdam brachte, wo sie nochmals auf ein seetüchtiges Schiff wechseln mussten.

Da die beiden Loks mit einer automatischen Kupplung ausgerüstet sind, muss-

Die Lok 2000-Familie, von oben nach unten: Re 460 der SBB, Re 465 der BLS, Sr2 der VR, El 18 der NSB und 000 001-002 der KCRC

Bild: SLM

Mit elektrischen Lok 2000-Kompnenten wurden auch die indischen Schnellzuglokomotiven der Baureihen WAP 5 und WAG 9 (Güterzugloks) ausgerüstet.

ten die Stossbalken angepasst werden; daraus ergab sich auch ein Tiefersetzen der Kupplung auf 880 mm. Puffer brauchten keine montiert zu werden.

Der Dachdeckel entspricht im wesentlichen der Ausführung bei der Sr2 der Finnischen Staatsbahnen VR, allerdings wurden partielle Anpassungen wegen der Fahrleitungslage (Spannungsabstand) notwendig. Der Lokomotivkasten ist eine Kombination aus Re 465 der BLS-Lötschbergbahn sowie den norwegischen und finnischen Loks, aber ohne Schürzen. Der Führerstand befindet sich auf der rechten Seite, und die Bedienung der Bremse ist ebenfalls rechts. Die bestehende Klimaanlage musste den Verhältnissen in Hongkong angepasst, d.h. um ein zusätzliches Klimagerät pro Führerstand ergänzt werden... Neben den kompletten Loks wurde noch ein Reservedrehgestell geliefert, als Konstruktionsgrundlage diente die NSB EL 18. Auch die Hongkong-Lok ist ohne PMS (Permanent-Magnetschienenbremse).

Wegen der Übergabe der britischen Kronkolonie Hongkong an China bzw. dem Übergang der KCRC an die chinesische GRC waren die Liefertermine sehr knapp bemessen. Die doppelstöckigen Wagen der zwei neuen Zugskompositionen kamen von Kinki Sharyo in Japan. Sie werden als zwei Kurzzüge (1+6) oder als Doppelzug (2+12) eingesetzt. Im Doppelzug finden bis zu 1268 Passagiere Platz. Die neuen Hochleistungsschnellzüge legen die Strecke Hongkong – Kanton innert 1 h 40 min zurück. Die KCRC setzt vor allem auf die Karte des zunehmenden Geschäftsverkehrs nach dem „Handover" von Hongkong.

Bild: ADtranz

Modell 4

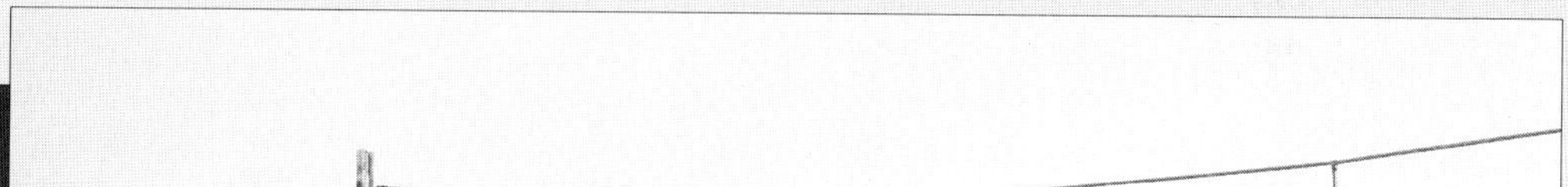

Im Sommer 1996 erschien von HAG die hellblaue Variante der Ciba-Werbelok, die sich durch gestochen scharfen Druck auszeichnet. Seite 128: Zwei Re 460, davon eine Werbelok, von Märklin.

Bilder: HAG-Modelleisenbahnen (Seiten 127), Ronald Gohl (128)

DANZAS
2000
460 004-5
DANZAS

11. SBB/BLS-Modelle

Die Lokomotiven aus der Familie „Lok 2000" werden in einer grossen Bandbreite von verschiedenen Herstellern in den meisten bekannten Spurbreiten (Z bis I) herausgebracht, und die tabellarischen Aufstellungen zeigen, dass etliche Modelle – vor allem bei den Werbeloks – bisweilen mehrfach in der gleichen Spurbreite vorkommen. Andere Modelle sind seitens der SBB mit einer Lizenz belegt worden und dürfen nur exklusiv von einem Hersteller herausgebracht werden.

Die weisse Tilsiter-Werbelok von Minitrix weist einen hervorragenden Druck auf – fotografiert wurde sie auf der Fleischmann-Drehscheibe des N-„piccolo"-Programms.

Spur-Z-Modelle

Märklin: Mitte 1996 kam die rote „Grundversion" der Re 460 der SBB im Massstab 1:220 heraus; das 84 mm lange Modell besteht aus einem Metallchassis, das die beiden angetriebenen Drehgestelle aufnimmt, und dem Lokomotivkasten aus Kunststoff, bei dem auch die Stirnfronten ausgezeichnet nachgestaltet sind. Als Beleuchtung dienen wartungsfreie Leuchtdioden. Um den Kupplungen den nötigen Spielraum zu gewähren, mussten im Bereich der Bahnräumer recht grosse Ausschnitte angebracht werden, und die Pantographen sind ziemlich grob geraten, dafür aber funktionstüchtig; solche Kompromisse sind erforderlich, damit in diesem winzigen Masstab ein Modell mit guten Laufeigenschaften entstehen kann. Der Umschalter vom Unter- zum Oberleitungsbetrieb befindet sich auf dem Dach.

Kurze Zeit nach der roten Re 460 folgte im Herbst 1996 bereits das erste Werbemodell, die „Agfa"-Lok, die bezeichnenderweise auch beim Vorbild die erste Werbelok (in der Fahrzeuggeschichte der SBB) gewesen war.

Märklin, Spur Z

Bestellnr.	Kurzbeschrieb	Bemerkungen
88441	rote Lok der Serie Re 460	
88442	Werbelok „Agfa"	einmalige Serie; 1996
88443	Werbelok „Miele"	einmalige Serie; 1996
88444	Werbelok „Relax"	einmalige Serie; 1996
88445	150 Jahre Schweizer Bahnen: Heizerlok/Alpaufzug	
88447	Werbelok „Danzas"	
88448	blaue Lok der Serie Re 465	
88449	Werbelok „TCS"	

Bild: Ronald Gohl

Bild: Ronald Gohl

Ein Teil der Minitrix-„Familie“ vor der Lokremise des N-Moduls „Neuffen“ – neben den Werbeloks „Danzas“, „TCS“ und „Tilsiter“ auch Re 460 024-3 „Rheintal“ im roten Kleid sowie die BLS Re 465 003-2 „Jungfraujoch“.

Spur-N-Modelle

Minitrix (Vertretung Marcel Czuka, Fällanden): Im Jahre 1993 brachte Minitrix ihre rote Version der Re 460 heraus. Mit zwei Schrauben, die unter den Pantographen gut versteckt sind, wird das Kunststoffgehäuse auf dem Chassis befestigt; der Lokomotivkasten besteht aus zwei Teilen, der Schürze, den gesickten Seitenwänden und den Führerständen einerseits, dem Dachmittelteil bis zur Kante unterhalb der Lüfter andererseits. In der Regel ist die Trennkante zwischen den beiden Teilen kaum sichtbar, es sei denn, Kabel werden eingeklemmt, was leicht geschehen kann und einen unschönen Spalt bewirkt. Die Detailgestaltung bei den Lüftern, Deckeln und Klappen im Dachbereich ist sehr gut, und die Stromabnehmer verschwinden originalgetreu im Dach. Die Griffstangen und Handgriffe wurden sehr fein nachgebildet, obwohl sie an das Gehäuse angespritzt sind. Die Windschutzscheiben der Führerstände sind passgenau eingesetzt und gewähren einen Einblick in die Nachbildung der Führerstandseinrichtung. Auch die Scheibenwischer mit den Doppelwischerarmen und der Fortsetzung auf dem Gehäuse fehlen nicht. Die Scheinwerfer sind so filigran nach-

Spur-N-Modul für Modellaufnahmen

Für die Modellfotos der Lok 2000 entstand ein neues Spur-N-Modul in der Grösse 150 x 45 cm. Dazu wurden zehn Weichen, eine elektrische Drehscheibe, sechs Entkupplungsgeleise sowie 53 gerade und gebogene Geleise verwendet. Das Gleismaterial stammt von Fleischmann „piccolo“, das den Vorteil hat, bereits ein fertiges Schotterbett aufzuweisen. Mit seinen filigran gravierten und farblich abgesetzten Holzschwellen sowie seiner feinen Nachbildung der Schottersteine wirkt das Gleis auf der Modellanlage verblüffend echt. Das mühsame Einschottern, besonders zwischen den Schwellen und empfindlichen Weichen, gehört damit der Vergangenheit an. Die Vollprofilschienen bestehen aus einer hochwertigen Neusilber-Legierung.

gebildet, dass man sie als Doppelscheinwerfer identifizieren kann. Vorbildgerecht sind die Schürzen sehr tief hinuntergezogen, doch wurden die Drehgestellblenden kaum detailliert, um eine ausreichende Kurvengängigkeit zu gewährleisten; in diesem Bereich sind nur die Magnetschienenbremsen angedeutet. Zwischen den Puffern befindet sich eine Aussparung für die Kupplung. Die farbliche Gestaltung gefällt, der rote Farbton wurde gut getroffen; bedauerlicherweise schimmert bei den schwarzen Flächen im Bereich der Seitenfenster die rote Farbe recht deutlich durch. Wie die Farbtrennlinien zum Dach und zur Schürze hin ist auch der Druck gestochen scharf; das SBB-Signet auf den gesickten Seitenflächen wirkt gleichfalls sehr sauber. Das Fahrgestell stellt eine Neukonstruktion dar, und eine Digitalschnittstelle wurde bereits werkseitig vorgesehen. Die Fahreigenschaften können aufgrund des 3poligen Motors nicht hundertprozentig überzeugen, die Stromaufnahme ist jedoch gut, und der „Auslauf" aus der Höchstgeschwindigkeit beträgt etwa 8 cm. Der Umschalter von Unter- auf Oberleitungsbetrieb befindet sich im Boden des Modells, die Beleuchtung des Dreispitzsignals wechselt mit der Fahrrichtung. Zusammenfassend kann man sagen, dass dieses Modell vor allem durch das hervorragende äussere Erscheinungsbild besticht.

Nach der roten Ausgangsversion der Re 460 erschienen verschiedene Werbeloks, als erste die „Agfa"-Lok, alle vermitteln eine sehr gute optische Gesamtwirkung. Die untenstehende Tabelle vermittelt eine hilfreiche Übersicht über die lieferbaren bzw. als limitierte Sonderserie gebauten Modell-Lokomotiven von Minitrix.

Kato (Vertretung: Bänninger AG Winterthur): Ebenfalls 1993 wurde die rote „Grund-Version" der Re 460 von dem

Minitrix-Modelle, Spur N

Bestellnr.	Kurzbeschrieb	Bemerkungen
12862	460 004-5 „Uetliberg" (rot)	
12868	460 042-5 „Albis" (rot)	
12680	460 024-3 „Rheintal" (rot)	lim. Serie für Schweiz
12683	460 027-6 „Joggeli" (rot)	lim. Serie für Schweiz
12684	460 007-8 „Junior" (rot)	lim. Serie für Schweiz
12685	460 008-6 „La Gruyère" (rot)	lim. Serie für Schweiz
12686	460 041-7 „Mendrisiotto" (rot)	lim. Serie für Schweiz
12696	Doppeltraktionsset	noch nicht lieferbar
12682	Werbelok „Agfa"	limitierte Einmalserie
12687	Werbelok „Märklin" (Heizerlok)	limitierte Einmalserie
12688	Werbelok „Danzas"	limitierte Einmalserie
12689	Werbelok „Ciba" (weiss)	limitierte Einmalserie
12690	Werbelok „Märklin" (Alpaufzug)	limitierte Einmalserie
12691	Werbelok „Miele"	limitierte Einmalserie
12692	Werbelok „Tilsiter"	limitierte Einmalserie
12693	Werbelok „Milch"	limitierte Einmalserie
12695	Werbelok „Ciba" (hellblau)	
12697	Werbelok „TCS"	
12679	Werbelok „Relax"	
12678	Werbelok „ascom"	
12681	465 003-2 „Jungfraujoch" (blau)	
12699	Werbelok „SLM" (blau)	

Roco gehörte zu den Modell-Pionieren der Re 460. Die 1:87-Lok wurde anlässlich der ersten öffentlichen Fahrt der 1:1-Lok in einem Sonderzug vorgestellt. Inzwischen sind zahlreiche Varianten realisiert worden.

japanischen Modellbahnhersteller Kato im Masstab 1:160 herausgegeben. Ob solche Doppelentwicklungen sinnvoll sind, darf man getrost in Frage stellen, aber bekanntlich belebt ja Konkurrenz das Geschäft – auch in wirtschaftlich eher schlechten Zeiten? Das Modell besteht aus einem Metallchassis und einem Kunststoffgehäuse, das auf das Untergestell aufgesteckt wird, bis zur grauen Schürze reicht und praktisch aus einem Stück besteht. Nur im Dachbereich kann ein Segment herausgenommen werden, unter dem der Umschalter für den Oberleitungsbetrieb versteckt ist. Die Detailtreue, z.B. bei den Lüfterreihen an den seitlichen Dachkanten, ist ausgesprochen hoch, und die Kurvengängigkeit wird trotz der tief hinabreichende Schürze ohne zusätzliche Aussparungen erreicht. Die Trennlinie zwischen der Schürze und dem eigentlichen Gehäuse konnte so exakt ausgeführt werden, dass sie nicht als Spalt erkennbar ist. Die Vertiefungen an den Rädern der Lok sind nicht vorbildgerecht, aber notwendig, um die für Kato typische Art der Stromaufnahme zu gewährleisten. Ganz und gar nicht passen die Stromabnehmer mit den wuchtigen Wippen in das ansonsten sehr gute Bild des Modells; ausserdem ist deren Bewegungsfreiheit stark eingeschränkt, was beim Oberleitungsbetrieb zu Problemen führen kann. Die Führerstände des Modells sind verglast, allerdings wird durch eine schwarze Blende hinter den Frontscheiben kein Einblick in das Innere gewährt. Die Frontscheiben besitzen recht einfach ausgeführte Scheibenwischer-Attrappen, bei denen die Fortsetzung auf dem Gehäuse unterhalb der Windschutzscheibe fehlt. Sehr fein gestaltet sind hingegen die Puffer, während die schwarzen

Bilder: Roco Modellspielwaren (2)

Einfassungen der Scheinwerfer etwas zu derb ausfallen. Die Lackierung ist einwandfrei, allerdings dürfte der Rotton etwas zu grell sein; die Farbtrennlinien zum Dach und zur Schürze hin fallen gestochen scharf aus. Die Beschriftung kann man als „ordentlich" bezeichnen, wobei das SBB-Signet etwas verschwommen wirkt. Die Griffstangen aus einem chromartigen Material wissen zu gefallen. Der 5polige Motor verleiht dem Fahrzeug gute Fahreigenschaften, die Stromaufnahme erfolgt problemlos; auch die Zugkraft entspricht den Modellbahn-Anforderungen. Aus der Höchstgeschwindigkeit rollt das Modell etwa 7 cm aus und überbrückt auf diese Weise auch Stromunterbrüche. Erstmals bei einem N-Modell erfolgt – je nach Fahrrichtung – ein Wechsel vom Dreispitzsignal zu einer Lampe hinten rechts. Da die N-Standardkupplung nicht am Drehgestell, sondern an der Schürze befestigt ist, bleiben die störenden Aussparungen am Bahnräumer aus, was den Gesamteindruck des Modells weiter hebt. Eine Möglichkeit, die Kupplungen gegen ein anderes System auszutauschen, besteht jedoch nicht. Insgesamt kann man feststellen, dass sich das Modell vor allem bei den „Innereien" auf einem sehr hohen Qualitätsstandard befindet.

Spur-HO-Modelle

Roco (Modellspielwaren GmbH, Rebstein): Das Wettrennen, wer als erster die Lok 2000 als HO-Modell herausbringt, hat Roco eindeutig gewonnen, denn bereits im Herbst 1992 erschien das erste Modell mit der Betriebsnummer 460 001-1. Der Antrieb erfolgt durch einen 5-Pol-Motor auf alle Achsen der beiden Drehgestelle und bewirkt sehr gute Fahreigenschaften. Aus der Höchstgeschwindigkeit, die – umgerechnet – ungefähr 195 km/h entspricht, ergibt sich ein „Auslauf" von ca. 25 cm, womit auch kleinere Stromunterbrüche kom-

Roco, Spur HO

Bestellnr. =/~	Kurzbeschrieb	Bemerkungen
43652/-	460 015-1, Werbelok „Agfa"	
43655/43970	460 041-7 „Mendrisiotto" (rot)	
43655.3CHF/-	460 035-9 (deutsch/französisch)	Dummy ohne Motor
43656/43953	465 004-0 „Saas Fee" (blau)	
43656SLM/43953SLM	465 001-6, Werbelok „SLM"	
43657/43958	Sr2 3207	finnische Staatsbahnen
43750/43879	460 018-5, Werbelok „Danzas"	
43751/43878	460 019-3, Werbelok „Miele"	
43752/43881	460 020-1, Werbelok „Tilsiter"	
43753/43892	460 021-9, Werbelok „Milch"	
43754/43864	460 022-7, Werbelok „TCS"	
43756/43866	460 016-9, Werbelok „Ciba" (blau)	
43757/43867	460 023-5, Werbelok „Relax"	
63503/69503	EL 18 2243	norweg. Staatsbahnen
63504/69504	460 014-4, Werbelok „HCB"	
63505/69505	460 033-4, Werbelok „ascom"	
63506/69506	460 056-5, Werbelok „SF DRS"	
nur Roco-Club/CH	Kowloon-Canton-Railway (KCRC)	beide Nummern

Der optische Eindruck des Märklin-Modells ist einwandfrei – ob auffällige Werbelok oder die „normale“ rote Ausführung der Bundesbahnen.

pensiert werden können. Das Modell, das sehr exakt im Verhältnis 1:87 gestaltet ist, bringt aufgrund des gegossenen Rahmens immerhin 560 g auf die Waage und kann einen 2,6 kg schweren Zug auf einer Steigung von 20 ‰ anfahren und beschleunigen. Die Stromaufnahme erfolgt entweder durch alle Räder oder durch einen der Pantographen, wobei sich der Umschalter im Inneren der Lok befindet. Entsprechend der Fahrrichtung wechseln vorbildgetreu das Dreispitzsignal mit der einen Lampe hinten rechts. Der Lokomotivkasten aus Kunststoff kann, wenn man die Puffer entfernt hat, einfach abgezogen werden, da keine elektrischen Verbindungen zwischen dem Rahmen und dem Gehäuse mittels Drähten bestehen. Die Detailtreue der Nachbildung lässt keine Wünsche offen, wie man z.B. an den aufklappbaren Aufstiegen an dem vorderen rechten Puffer sieht; auch die Stromabnehmer verschwinden – wie beim Vorbild – in den entsprechenden Aussparungen auf dem Dach, doch sind die Pantographen so zierlich gebaut, dass sie schon einer sehr sorgfältigen Behandlung bedürfen. Allerdings können die masstäblichen Wippen durch breitere ersetzt werden, die der Packung beiliegen, und das dürfte sich in der Modellbahn-Realität bewähren. Wie bei Roco üblich, kann die Lok durch weitere Zurüstteile noch detailgetreuer gestaltet werden, was eher für Vitrinenmodelle zu empfehlen ist. Die Nachbildung des Führerstandes ist absolut detailgetreu einschliesslich der schallschluckenden Rückwand. Da auch die Lackierung und Beschriftung absolut sauber gelungen sind, kann man zusammenfassend von einem hervorragenden Modell sprechen.

Im Sommer 1994 erschien Re 460 029-2, „Eulach“, als motorloser „Dummy“; dank des geringen Gewichtes, das kaum das eines Wagens übersteigt, können alle Betriebsgegebenheiten der Realität nachgestellt werden: Doppeltraktion, Einsatz als Zwischenlok, ja

Bild: Ronald Gohl

Bild: Ronald Gohl

Durch die gelbe Farbe der Märklin-„Danzas"-Werbelok schimmert etwas der Hintergrund. Der Lokkasten ist wie bei Märklin üblich aus Zinkdruckguss gefertigt.

sogar Schiebedienst – wie am Gotthard üblich. Im Sommer 1997 erschien die Sr2 der Finnischen Staatsbahn VR. Das Modell gibt das Erscheinungsbild des Originals sehr gut wieder, es kann aber in einer Hinsicht nicht massstäblich sein, weil es die finnische Breitspur von 1524 mm als Modellbahnspur nicht gibt. Auch die norwegische Version ist erhältlich, und die Hongkong-Lok gibt es nur exklusiv über den Roco-Club Schweiz.

Märklin (Vertriebs AG, Oberentfelden): Im Frühjahr 1993 brachte Märklin seine rote Version der Re 460 heraus und konnte dabei ein Detail berücksichtigen, das die Hersteller, die im Wettlauf um die Zeit schneller waren, nicht mehr aufnehmen konnten: den Konstrukteuren bei ABB und SLM war ein kleiner Lapsus unterlaufen, weil der in den Drehgestellen untergebrachte Transformator grösser wurde als erwartet, so dass die Drehgestelle angepasst und die Schürze im Bereich der Drehgestelle leicht abgeändert werden musste. Genau diese Änderungen weist das 213 mm lange Modell auch auf, das – wie bei Märklin üblich – aus Zinkdruckguss gefertigt wurde. Die Fenstereinsätze, Inneneinrichtung der Führerstände, Schürzen und Drehgestellblenden sind jedoch aus Kunststoff. Der Antrieb erfolgt auf zwei Achsen eines Drehgestells; sämtliche Räder dieses Drehgestells besitzen Haftreifen. Während die Lok werkseitig mit relativ breiten, aber betriebssicheren Pantographen geliefert wird, können die schmalen und in der Abdeckung verschwindenden Stromabnehmer als Zurüstteil bestellt werden; allerdings sollte man diese Veränderung nur bei einem Vitrinenmodell vornehmen, da ein sicherer Oberleitungsbetrieb mit den formschönen, schmalen Pantos nicht mehr gewährleistet ist. Der optische Eindruck des Modells ist einwandfrei. Noch bevor die erste Re 465 der BLS offiziell in Betrieb genommen wurde, existierte schon ihr Modell im Masstab 1:87, das nicht nur die geänderte Farbgebung, sondern auch die verschiedenen geänderten „Kleinigkeiten", z.B. die zweite Funkantenne oder die Türgriffe, richtig wiedergab.

Eine „Werbelok", die – leider – nie realisiert worden ist, also ein reines Phantasie- oder Sammlerstück, brachte

Märklin, Spur HO

Bestellnr.	Kurzbeschrieb	Bemerkungen
34616	Werbelok „HCB"	
34617	Werbelok „ascom"	
3461	silberne Lok der Serie Re 460	Sonderserie 1993
3460	Lok „Rigi"	Delta 1996
3760	Lok „Milieu du Monde"	Digital 1996
3460	Lok „La Gruyère"	1994
3463	blaue Lok der Serie Re 465	1994
3760	Lok „Rheintal"	Digital 1994
3763	blaue Lok der Serie Re 465	1994
83460	Lok „Joggeli"	Sonderserie 1994
83461	Phantasie-Werbelok „Käse"	Delta/Sonderserie 1994
83463	Werbelok „Agfa"	Delta/Sonderserie 1994
3450	Werbelok „Ciba" (weiss)	Delta/Sonderserie 1995
3451	Werbelok „Märklin" (Heizerlok)	Delta/Sonderserie 1995
3452	Werbelok „Märklin" (Alpaufzug)	Delta/Sonderserie 1995
3453	Werbelok „Danzas"	Delta/Sonderserie 1995
3751	Werbelok „Märklin" (Heizerlok)	Digital/Sonderserie 1995
3752	Werbelok „Märklin" (Alpaufzug)	Digital/Sonderserie 1995
34611	Werbelok „Miele"	Delta/Sonderserie 1996
34612	Werbelok „Milch"	Delta/Sonderserie 1996
34613	Werbelok „Tilsiter"	Delta/Sonderserie 1996
34614	Werbelok „TCS"	Delta/Sonderserie 1996
34615	Werbelok „Relax"	Delta/Sonderserie 1996
8360	rote Lok der Serie Re 460	Hamo/1993
88363	Werbelok „Agfa"	Hamo/1994
8350	Werbelok „Ciba" (weiss)	Hamo/1995
8351	Werbelok „Märklin" (Heizerlok)	Hamo/1995
8352	Werbelok „Märklin" (Alpaufzug)	Hamo/1995
8353	Werbelok „Danzas"	Hamo/1995
38611	Werbelok „Miele"	Hamo/1996
38612	Werbelok „Milch"	Hamo/1996
38613	Werbelok „Tilsiter"	Hamo/1996
38614	Werbelok „TCS"	Hamo/1996
38615	Werbelok „Relax"	Hamo/1996
34635	EL 18 der NSB	Delta/Sonderserie 1997
34618	Zweierset Werbeloks „SF DRS"	eine Lok als Dummy

Märklin anfangs 1994 heraus, nämlich eine leuchtend gelbe Käse-Lok mit angedeuteten Emmentaler-Löchern; weil die Maschine kein Vorbild hat, fehlt bei ihr auch die Beschriftung.

HAG (Fabrikation in Mörschwil): Als letzte der drei Firmen, die die Re 460 bzw. 465 als HO-Modelle in Grossserie herstellen, brachte Hag im Frühsommer 1996 die Re 460 038-3 bzw. die 465 007-3 auf den Markt. Das gut motorisierte Modell, das eine sehr genaue Verkleinerung im Verhältnis 1: 87 darstellt, besteht aus einem gegossenen Untergestell und einem Metall-Lokomotivkasten, was ein Eigengewicht von 510 g ergibt und der Maschine eine phantastische Zugkraft verleiht: auf einer Steigung von 20 ‰ kann sie einen 3750 g schweren Zug anfahren und beschleunigen. Die Laufeigenschaften der Lok, bei der die Stromaufnahme über alle Räder in beiden Drehgestellen erfolgt, sind sehr gut, und die „Höchstgeschwindigkeit" beträgt – umgerechnet – ca. 170 km/h, woraus ein „Auslauf" von einer Loklänge resultiert. Für die Stirnbeleuchtung werden zwei Lämpchen verwendet, damit – wie beim Vorbild – in Fahrrichtung hinten rechts eine weisse Lampe brennen kann. Die Kupplungsschächte nehmen alle Normkupplungen auf, und die an sich schon gute Detailwiedergabe (mit dem abklappbaren Tritt auf dem jeweils rechten vorderen Puffer) kann durch einen Zurüstsatz noch verfeinert werden; bei den diffizilen Einzelteilen wie den auf die Frontfenster aufgesetzten Scheibenwischern oder der Funkantenne ist jedoch grosse Vorsicht am Platze. Die Stromabnehmer entsprechen zwar nicht im Detail dem Vorbild, bieten aber einen guten Kompromiss zwischen der gewünschten Feinheit und der für den Modellbetrieb erforderlichen Robustheit. Die Beschriftung lässt hinsichtlich Vollständigkeit und Ausführung keine Wünsche offen. Die Wechselstromausführung der Lok verfügt über einen elektronischen Fahrrichtungsumschalter in modernster Ausführung.

Für die eigentliche Jubiläumslok, bei der wegen der politischen Turbulenzen um das Thema „Raubgold" das Design kurzfristig geändert wurde, was die Modellbauer überhaupt nicht gefreut hat, und einige Werbeloks, die unmittelbar auf das Jubiläum Bezug nehmen, haben die SBB eine Lizenz jeweils nur an einen Hersteller vergeben. In diesen Pool von Jubiläumsloks gehört das Modell der Werbe-Lok „Zugkraft Aargau", das die recht anspruchsvolle graphische Gestaltung hervorragend reproduziert. Im Sommer begann die Auslieferung der Jubiläumslok Re 460 084-7 im ursprünglichen Erscheinungsbild als Gleich- oder Wechselstromvariante sowie

HAG, Spur HO

Bestellnr.	Kurzbeschrieb	Bemerkungen
~ / =		
070/071	Jubiläumslok 460 084-7	
072/073	Jubiläumslok 460 084-7	mit Kantonswappen
076/077	Werbelok „Zugkraft Aargau"	in 2. Auflage
080/081	Werbelok „Ajax"	mit Jubiläums-Signet
280/281	Werbelok „Ajax"	ohne Jubläums-Signet
082/083	Werbelok „ADtranz"	
084/085	Werbelok „Kambly"	
086/087	Werbelok „Pepsi"	
280/281	460 035-9, Werbelok „SBB"	deutsch/französisch
280/281	460 036-7, Werbelok „SBB"	französisch/italienisch
280/281	Werbelok „HCB"	lieferbar ab Nov. 97
280/281	Werbelok „TCS"	lieferbar ab Okt. 97
280/281	Werbelok „Ciba" (blau)	
280/281	Werbelok „Ciba" (weiss)	lieferbar 1998
280/281	Werbelok „Agfa"	lieferbar 1998
280/281	Werbelok „Tilsiter"	
280/281	Werbelok „Relax"	
280/281	Werbelok „Danzas"	
280/281	Werbelok „ascom"	
280/281	460 049-0 „Pfannenstiel" (rot)	
280/281	460 008-6 „La Gruyère" (rot)	
184/185	465 001-6, Werbelok „SLM" (blau)	
184/185	465 004-0 „Saas Fee" (blau)	

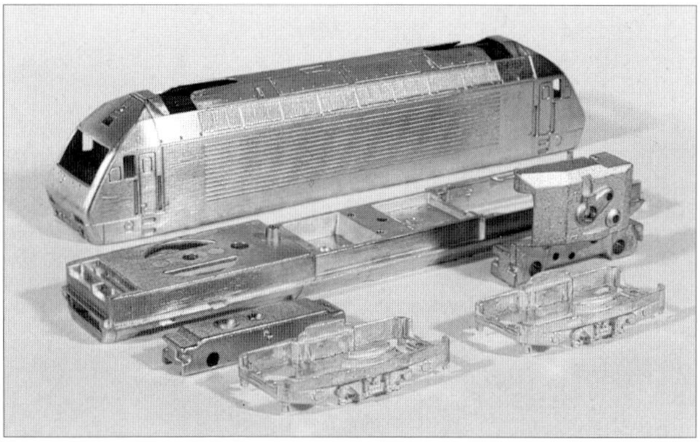

HAG-Drehgestellrahmen und Lokkasten wie beim Vorbild (oben), Jubilok (Mitte) und alle Varianten (unten).

als digitalisiertes Modell. Und man muss neidlos feststellen, dass das Modell viel schöner aussieht als das Original. Denn beim Vorbild konnte die Oberfläche nur mit einer Chromfolie überklebt werden, was sämtliche Unebenheiten zu Tage förderte. Die Tabelle auf Seite 137 gibt über die verschiedenen HAG-Modelle Auskunft.

Grössere Spurweiten

ALLMO-Spur-0 (Vertretung: Bänninger AG Winterthur): Ende 1992 brachte die Firma die erste Lok 2000 als Messing-Handarbeitsmodell im Masstab 1:45 heraus. Die Grösse und die Bauweise garantieren eine absolut detailgetreue Nachbildung des Originals; der Antrieb auf alle vier Achsen sowie ein leistungsstarker Motor sind die Voraussetzung für eine gute Zugkraft und hervorragende Fahreigenschaften. Ausserdem sind verschiedene Schaltungen bei der Beleuchtung u.ä. möglich.

Hermann-Spur-0 (Fabrikation in Dällikon): Mitte 1994 erschien von diesem Hersteller die rote 460 004-5, „Uetliberg". Sie kann hinsichtlich der inneren und äusseren Qualitäten mit den Modellen der beiden anderen Hersteller in der Spurbreite 0 konkurrieren, obwohl oder gerade weil sie als letzte herauskam.

Lemaco-Spur-0+1 (Vertrieb in Ecublens, Fabrikation in Fernost): Neben der Re 460 der SBB (z.B. Re 460 055-7 in 30 Exemplaren) kam um die Jahreswende 1994/95 auch die Re 465 der BLS in zwei Varianten (je 65 Stück) heraus. Bei diesem Modell in Messingbauweise wurden nicht nur die äusseren Veränderungen originalgetreu nachgebildet, z.B. die verschiedenen Steckdosen für die Vielfachsteuerung oder das sichtbare Signalhorn, sondern auch die Änderungen im Inneren, weil man die Dachdeckel öffnen kann. Die Modelle lassen weder im mechanischen noch im optischen Bereich irgendwelche Wünsche offen und sind in jeder Hinsicht detailgetreu nachgebildet. Der Einzelachs-Antrieb

Bilder: HAG Modelleisenbahnen (3)

Hermann, Spur 0

Bestellnr.	Kurzbeschrieb	Bemerkungen
460 084-7	Jubiläumslok	
460 009-4	Lok „Le Jet d'eau" (rot)	
460 011-0	Lok „Léman" (rot)	
460 041-7	Lok „Mendrisiotto" (rot)	
460 102-7	Lok „Lägern" (rot)	
465 001-6	Lok „Simplon" (blau)	
465 003-2	Lok „Jungfrau" (blau)	
465 007-3	Lok „Schilthorn" (blau)	
465 001-6	Werbelok „SLM" (blau)	
460 019-3	Werbelok „Miele"	
460 018-5	Werbelok „Danzas"	
460 016-9	Werbelok „Ciba" (weiss)	ausverkauft

mit voll gekapselten Getrieben verleiht dem Modell gute Fahreigenschaften, und verschiedene Schaltmöglichkeiten bei der Beleuchtung runden das sehr gute Gesamtbild ab.

Im Sommer 1995 lieferte die gleiche Firma je zwei Varianten der roten Re 460 und der blauen Re 465 in einer Kleinserie von insgesamt 130 Exemplaren aus. Die Loks bringen immerhin fast 7,5 kg auf die Waage und verfügen auf dem Dach über Deckel, die sich öffnen lassen und einen Blick auf die Nachbildungen der Hochspannungsapparate gestatten. Die Beleuchtung der Führerstände ist abgeschaltbar und der Bildschirm separat beleuchtet. Die Bremsschläuche können vorbildgerecht gekuppelt werden, und das Modell verfügt über eine elektronisch gesteuerte Bremse für die Talfahrt. Eine Schnittstelle für den Digitaldecoder von Märklin ist ebenfalls serienmässig vorhanden.

Lassen kaum Wünsche offen: die Spur-1-Modelle von Lemaco – sogar der Bildschirm im Führerstand ist beleuchtet und die Hochspannungsapparate sind exakt nachgebildet.

Bild: Lemaco

Register

ABB Strömmens, 122
Achslastbegrenzungen, 35
Adhäsions-Optimierung, 113 ff.
Aerodynamik, 30, 42, 57
Agfa-Werbelok, 102
Allmo, 138
Alp-Transit, 13
Antriebskonzept Re 465, 117, 118
Antriebsstromrichter, 45, 118
Antriebssysteme, 38 ff., 43
Antriebswechselrichter, 44
Anzeige-Elemente, 62
Apparateanordnung, 56
Ärmel-Kanal, 13
Asynchron-Fahrmotoren, 16 ff., 36, 37, 44, 51
Autoverlad am Lötschberg, 110

Bahn 2000, 13 ff., 22, 31
Bahnhof Luzern, 69
Bahnräumer, 124
Bedienungs-Elemente, 62
BLS-Lötschbergbahn, 109 ff.
Bordnetzumrichter (BUR), 50
Brandfall, 61
Brandmeldesystem, 120
Bremsen, 38
Bremskraft, 55
Bremsproben, 70
Busstation, 54

Ciba-Werbelok, 102

Danzas-Werbelok, 87
Deformationselemente, 26, 42
Depoteinteilung, 87, 88 ff.
Design, 27, 41, 62
Design-Preis Schweiz, 79
Diagnosesystem, 52, 53, 54
Doppelstockwagen, 82
Doppeltraktion, 84
Drehgestelle, 36, 38, 40, 51, 70
Drehmoment, 39
Drehstrom, 44, 51
Druckertüchtigung, 30 ff.
Druckkabinen, 58
Durchschlagsfestigkeit, 60

Eckhöhe von 4 m, 115
Eigenwerbung auf Loks, 103
Einheitswagen EW IV, 16
Einsatz am Lötschberg, 117
El 18-Lokomotiven, 122 ff.
ep-Bremse, 24, 42, 98, 56
Ersatzteilbeschaffung, 116
EuroCity-Wagen, 16
Eurofima, 31
Externe Energieeinspeisung, 124

Fahrleitungsspannung, 24
Fahrmotor, 45, 51
Fahrzeug-Leitgerät, 51
Fahrzeugbus, 52, 53, 54
Fernsteuerung, 56
Finanzierung, 31
Finnische Staatsbahnen, 121 ff.
Fluchtweg, 42, 63
Flügelzüge, 51
Formation Pendelzüge, 94, 95
Frequenz, 44
Führerkabine, 27
Führerpult, 62
Funkfernsteuerung, 86

Garantiearbeiten, 79
Gesamtverkehrskonzept (GVK), 11
Gewicht Re 465, 119
Gleichstrom, 44
Gleisbögen, 38, 40
Gleisradius, 25
Gotthard, 16, 22, 81
Grössere Spurweiten, 138
GTO-Thyristoren, 26, 118
Güterbahnhof Domodossola, 110
Güterzugdienste, 83

HAG, 136
Halbleitertechnik, 44

Hauptrevisionen, 25
Hauptschalter, 45
Hauptwerkstätte Yverdon, 87
Hermann, 138
HGe 4/4 II, 27
Höchstgeschwindigkeit, 38
Hohlkardanwellen-Antrieb, 39
Hongkong, 125
Huckepack-Korridor, 69, 115, 117
Huckepack-Lokomotiven, 117
Huckepack-Verkehr, 13, 16, 23
Huckepack-Züge, 79, 86

ICE, 13
Inbetriebsetzung, 88 ff.
Indian Railway, 125
Indusi, 86
Informatik-Systeme, 52
Integra, 26
InterRegio, 86

Jubiläumslok, 82

Kato, 131
Kinderkrankheiten, 71
Kinki Sharyo, 126
Klebefolien für Werbeloks, 103
Klebeverbindungen, 61
Klimaanlage, 27, 63 ff.
Klimakammer, 70
Klotzbremsen, 70
Konsortium, 19 ff., 23
Konventionalstrafe, 79
Kowloon – Canton Railways Corp., 125
Kunststoff (GFK), 59
Kunststoffteile, 41

Lackierung, 27
Lärmwerte, 74
Lastfahrten, 74
Lastprobe- und Abnahmefahrten, 113
Laufstabilität, 39
Leicht-Pendelzüge, 16
Leitelektronik, 53
Lemaco, 138
Lichtwellenleiter, 53
Lok 2000 „light", 23
Lok 2000, 14
Lokomotivkasten, 40
Loktaufen Re 460, 87, 88 ff.
Loktaufen Re 465, 115, 117
Lötschberg-Basistunnel, 111
Luftdruckbremse, 86

Magnetische Streufelder, 50
Märklin, 129, 135
Mechanik, 35 ff.
Mehrfachtraktion, 56
Meilensteine der Lok 2000, 37
Messfahrten, 78
MICAS-2S, 120
Mietlokomotiven, 115
Minitrix, 130
Monobloc-Scheibenräder, 37
Namensgebung, 87
NEAT, 13
Netzstromrichter, 45
Neue Haupttransversale (NHT), 11
Norwegische Staatsbahn, 122 ff.
Norwegische Staatsbahnen, 78 ff.

Ölkreislauf, 50

Pantographen, 51
Pendelzug-Betrieb, 41, 93 ff.
Pendelzüge, 82 ff., 86
Permanent-Magnetschienenbremse, 70, 75, 78, 122
Pflichtenheft, 22, 23 ff.
Pininfarina, 27, 57
Projekt, 19 ff.
Prototyp, 23
Puffer, 41, 42

Radial einstellbare Radsätze, 18
Radsatzlager-Gehäuse, 37
Re 4/4 IV, 27
Re 450, 26, 31, 37, 51, 53
Re 465, 109 ff.
Rekordfahrten, 71
Rekuperationsbremse, 24
Revision R1, 87
Roco, 133
Rollprüfstand, 40, 70

Ruckfreies Beschleunigen, 47

Sägezahnmethode, 86
Sander, 40
Sandwich-Konstruktion, 59
Schiebebetrieb, 41
Schleifstücke Stromabnehmer, 51
Schleuderschutz, 75
Schnellbremsung, 63
Schutzabschaltungen, 71, 78
Schweizer Fernsehen DRS, 103
Sekundärfedern, 40, 41
Sekundärwicklungen, 50
Sickwände, 40
SNCF-Gepäckwagen, 95, 98
Soll-Geschwindigkeitsschieber, 63
Spannung, 43
Sphärische Form, 57 ff.
Spur-H0-Modelle, 133
Spur-N-Modelle, 130
Spur-Z-Modelle, 129
Spurführungskräfte, 35, 71
Sr2-Lokomotive, 121, 135
Steuerwagen, 98
Stirnradgetriebe, 39
Störungen, 25, 78, 81
Stossbalken, 41
Stromabnehmer, 42, 45, 51

TGV, 13
Traktionsleistung, 44
Traktionsleitsystem, 52, 53
Tramont-Werk, 69
Transformator Re 465, 119
Transformator, 45, 47 ff., 51
Tunnel, 30
Türüberwachung, 93
Typenfamilie „Lok 2000“, 122

UIC, 11, 62
Umbau Pendelzugbetrieb, 99
Umrichtertechnik, 18, 26, 44
Unfälle, 82
Untergurte, 42
Unterhalt Pendelzüge, 98 ff.
Unterhalt, 51
Unterschiede Re 465 / Re 460, 117 ff.

Vakuumhauptschalter, 45
Verkabelung, 56
Verschmutzung, 61
Verstärkungsmodule, 95
Versuchsfahrten (Re 465), 114
Vielfachsteuerung, 70, 75, 78, 79, 93, 98, 113, 116, 117
Vielfachtraktion, 24
Vorserie, 22 ff.
Vorspann, 97 ff.

WAG 9-Lokomotiven, 125
WAP 5-Lokomotiven, 125
Wechselrichtersysteme, 47
Wechselstrom, 44
Werbeloks, 101 ff.
Werkgleis Tramont, 112
Wilmington Trust Company, 31

Zeitmultiplex-Vielfachsteuerung, 19, 24
ZUB 121, 26
Zugbus, 52, 56
Zugfunkanlage (ZFK), 26
Zugkraftübertragung, 38

Literatur und Dank

Martin Gerber / Erwin Drabek / Roland Müller – Die Lokomotiven 2000, Serie 460, der Schweizerischen Bundesbahnen; hrsg. von SLM Schweizerische Lokomotiv- und Maschinenfabrik AG, Winterthur bzw. von ADtranz (Schweiz), Zürich als Sonderdruck aus Schweizer Eisenbahn-Revue 10/1991, Luzern

Peter Gerber – Die Lokomotiven Re 465 001 – 008 der BLS Lötschbergbahn; hrsg. von SLM Schweizerische Lokomotiv- und Maschinenfabrik AG, Winterthur bzw. von ADtranz (Schweiz) AG, Zürich als Sonderdruck aus Schweizer Eisenbahn-Revue 12/1994, Luzern

Peter Gerber / Marc-Olivier Pellaton – Die Lokomotive Re 465 der BLS im Vergleich zur Lokomotive Re 460 der SBB; hrsg. von ADtranz (Schweiz) AG, Zürich

Martin Kocher – Die leasinggestützte Finanzierung neuen Rollmaterials durch die SBB, Anmerkungen aus juristischer Sich; in Schweizer Eisenbahn-Revue 12/ 1994, S. 558 ff., Luzern

Kaspar Vogel – 125 Jahre Schweizerische Lokomotiv- und Maschinenfabrik, (Kapitel „Die modernste Lokomotive der Welt" auf S. 133 ff.), Minirex-Verlag, Luzern, 1996

Alberto Cortesi / Thomas Issenmann / Thibault de Kalbermatten – Leichte Nase für schnelle Lokomotiven; in Schweizer Eisenbahn-Revue 12/1991, S. 435 ff. als Sonderdruck unter dem Titel „Leitbautechnik im modernen Lokomotivbau – Die Führerkabine der neuen „Lokomotive 2000 aus Faserverbundwerkstoff"; hrsg. von SLM Schweizerische Lokomotiv- und Maschinenfabrik AG, Winterthur

Markus Hecht / Hans Zogg – Lärmdesign moderner Triebfahrzeuge am Beispiel der Lok 2000-Familie; hrsg. von SLM Schweizerische Lokomotiv- und Maschinenfabrik AG, Winterthur

Werner U. Bohli / Hans Heiner Vogel – Erste Vergleichsfahrten mit Re 465 und Re 460 auf der BLS; in Schweizer Eisenbahn-Revue 9/1995, S. 378 f., Luzern

Richard Kummrow / Janis Vitins – Die Typenfamilie Lok 2000; hrsg. von SLM Schweizerische Lokomotiv- und Maschinenfabrik AG, Winterthur

Matthias Müri – Die Universallokomotiven El 18 der Norwegischen Staatsbahnen; in Schweizer Eisenbahn-Revue 10/1997, S. 499 ff., Luzern

Weiterführende Literatur ist in den erwähnten Artikeln angegeben.

Zum Schluss möchte ich den Herren Jürg Schöning und F. Gasser von der SBB-Direktion Triebfahrzeuge, Rolf Hubacher von der SBB-Direktion Personenverkehr, Martin Fischer von der Abteilung Rollmaterial-Unterhalt in Zürich, Peter Gerber von der BLS sowie den Firmen ADtranz Zürich und SLM Winterthur herzlich für ihre wohlwollende Unterstützung danken; denn ohne deren zahlreiche Informationen wäre die Veröffentlichung nicht möglich gewesen. Den Modellbahn-Firmen, die mich mit Informationen und Bildmaterial unterstützt haben, sei an dieser Stelle ebenfalls gedankt.